# 前言

　　自然語言處理一直作為人工智慧領域內的重要難題，歷史上無數的科學家付出了巨大的心血對其進行研究。著名的圖靈測試本質上也是一個自然語言處理任務。

　　在深度學習成為主流後，自然語言處理確立了主要的研究方向，尤其是在 Google 提出了 Transformer 和 BERT 模型以後，基於預訓練模型的方法，已成為自然語言處理研究的主要方向。

　　隨著自然語言處理研究的大跨步前進，問題也隨之而來，首要的就是資料集格式缺乏統一規範，往往更換一個資料來源，就要做複雜的資料調配工作，從專案角度來講，這增加了專案的實施風險，作為專案人員有時會想，要是能有一個資料中心，它能把資料都管理起來，提供統一的資料介面就好了。

　　與資料集相應，預訓練模型也缺乏統一的規範，它們往往由不同的實驗室提供，每個實驗室提供的下載方法都不同，下載之後的使用方法也各有區別，如果能把這些模型的下載方式和使用方式統一，就能極大地方便研究，也能降低專案實施的風險。

　　基於以上訴求，HuggingFace 社區提供了兩套工具集 datasets 和 transformers，分別用於資料集管理和模型管理。基於 HuggingFace 工具集研發能極大地簡化程式，把研發人員從細節的海洋中拯救出來，把更多的精力集中在業務本身上。

　　此外，由於資料集和模型都統一了介面，所以在更換時也非常方便，避免了專案和具體的資料集、模型的強耦合，從而降低了專案實施的風險。

　　綜上所述，HuggingFace 值得所有自然語言處理研發人員學習。本書將使用最簡單淺顯的語言，快速地講解 HuggingFace 工具集的使用方法，並透過幾個實例來演示使用 HuggingFace 工具集研發自然語言處理專案的過程。

　　透過本書的學習，讀者能夠快速地掌握 HuggingFace 工具集的使用方法，並且能夠使用 HuggingFace 研發自己的自然語言處理專案。

## 本書主要內容

第 1 章介紹 HuggingFace 提出的標準研發流程和提供的工具集。

第 2 章介紹編碼工具，包括編碼工具的工作過程的示意，以及編碼工具的用例。

第 3 章介紹資料集工具，包括資料集倉庫和資料集的基本操作。

第 4 章介紹評價指標，包括評價指標的載入和使用方法。

第 5 章介紹管道工具，並演示使用管道工具完成一些常見的自然語言處理任務。

第 6 章介紹訓練工具，並演示使用訓練工具完成一個情感分類任務。

第 7 章演示第 1 個實戰任務，完成一個中文情感分類任務。

第 8 章演示第 2 個實戰任務，完成一個中文填空任務。

第 9 章演示第 3 個實戰任務，完成一個中文句子關係推斷任務。

第 10 章演示第 4 個實戰任務，完成一個中文命名實體辨識任務。

第 11 章演示使用 TensorFlow 框架完成中文命名實體辨識任務。

第 12 章演示使用自動模型完成一個情感分類任務，並閱讀原始程式碼深入了解自動模型的工作原理。

第 13 章演示手動實現 Transformer 模型，並完成兩個實驗性質的翻譯任務。

第 14 章演示手動實現 BERT 模型，並演示 BERT 模型的訓練過程。

## 閱讀建議

本書是一本對 HuggingFace 工具集的綜合性講解圖書，既有基礎知識，也有實戰範例，還包括底層原理的講解。

本書儘量以最簡潔的語言書寫，每個章節之間的內容儘量獨立，讀者可以跳躍閱讀而沒有障礙。

作為一本實戰性書籍，讀者要掌握本書的知識，務必結合程式偵錯，本書的程式也儘量以最簡潔的形式書寫，讓讀者閱讀不感吃力。每個程式區塊即是一個單元測試，讀者可以對每個程式的每個程式區塊按從上到下的順序測試，從一個個小基礎知識聚沙成塔，融會貫通。

　　HuggingFace 支持使用 PyTorch、TensorFlow 等深度學習框架進行計算，本書會以 PyTorch 為主進行講解。對於使用 TensorFlow 的讀者也不用擔心，會有單獨的一章講解如何使用 TensorFlow 實現一個具體的例子。專案之間有很多的共同點，只要學會了一個例子，其他的都可以觸類旁通。

## 本書原始程式碼

　　本書原始程式碼在以下環境中測試成功，為避免不必要的異常偵錯，請儘量選擇一致的版本。

Python 3.6
transformers 4.18
datasets 2.3
PyTorch 1.10

## 致謝

　　感謝我的好友 L，在我寫作的過程中始終鼓勵、鞭策我，使我有勇氣和動力完成本書的寫作。

　　在本書的撰寫過程中，我雖已竭盡所能為讀者呈現最好的內容，但疏漏之處在所難免，敬請讀者批評指正。

李福林

# 工具集基礎用例演示篇

## 第 1 章　HuggingFace 簡介

## 第 2 章　使用編碼工具

## 第 3 章　使用資料集工具

## 第 4 章　使用評價指標工具

# 第 5 章　使用管道工具

# 第 6 章　使用訓練工具

# 中文專案實戰篇

# 第 7 章　實戰任務 1：中文情感分類

# 第 8 章　實戰任務 2：中文填空

# 第 9 章　實戰任務 3：中文句子關係推斷

# 第 10 章　實戰任務 4：中文命名實體辨識

## 第 11 章　使用 TensorFlow 訓練

## 第 12 章　使用自動模型

# 預訓練模型底層原理篇

## 第 13 章　手動實現 Transformer

# 第 14 章　手動實現 BERT

# 工具集基礎用例演示篇

# 第 1 章
# HuggingFace 簡介

　　HuggingFace 是一個開放原始碼社區，提供了開放原始碼的 AI 研發框架、工具集、可線上載入的資料集倉庫和預訓練模型倉庫。

## 1. 前 HuggingFace 時代的弊端

　　在前 HuggingFace 時代，AI 系統的研發沒有統一的標準，往往憑藉研發人員各自的喜好隨意設計研發的流程，缺乏統一的規範，設計的品質取決於研發人員個人的經驗水準。這增加了專案實施的風險，因為獨立設計的研發流程往往沒有經歷過完整的專案驗證，不一定如設想般可行。

　　另一方面，研發流程設計由研發人員個人設計還有一個弊端：專案和研發人員個人形成了強綁定，容易造成「祖傳程式」問題。在專案交接時難度大，後續人員需要完整地學習前人的個人習慣，成本較大，導致很難讓後續的研發人員介入。

## 2. HuggingFace 標準研發流程

　　由於以上問題的存在，HuggingFace 提出了一套可以依照的標準研發流程，按照該框架實施專案，能夠在一定程度上規避以上提出的問題，降低了專案實施的風險及專案和研發人員的耦合度，讓後續的研發人員能夠更容易地介入，即把HuggingFace 的標準研發流程變成所有研發人員的公共知識，不需要額外地學習。

　　HuggingFace 把 AI 專案的研發大致分為以下幾部分，如圖 1-1 所示。

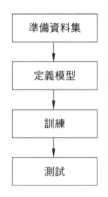

▲圖 1-1　HuggingFace 標準研發流程

　　HuggingFace 能處理文字、語音和影像資料，由於本書的主題是自然語言處理，所以主要關注文字類任務。

　　圖 1-1 是一個粗略的流程，現在稍微細化這個流程，看一看各個步驟中更具體的內容，針對自然語言處理任務細化的 HuggingFace 標準研發流程，如圖 1-2 所示。

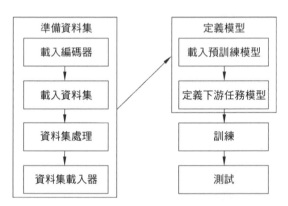

▲圖 1-2　針對自然語言處理任務細化的 HuggingFace 標準研發流程

　　可以看出，HuggingFace 的標準研發流程和傳統的一般專案研發流程很相似，所以 HuggingFace 的學習成本較低，值得所有研發人員學習掌握。

### 3. HuggingFace 工具集

　　針對流程中的各個節點，HuggingFace 都提供了很多工具類別，能夠幫助研發人員快速地實施。HuggingFace 提供的工具集如圖 1-3 所示。

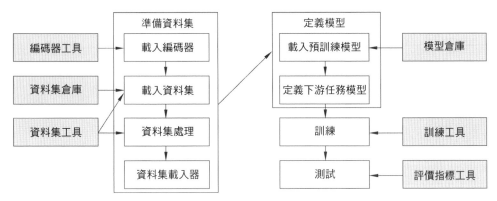

▲ 圖 1-3　各個步驟 HuggingFace 提供的工具集

從圖 1-3 可以看出，HuggingFace 提供的工具集基本囊括了標準流程中的各個步驟，使用 HuggingFace 工具集能夠極大地簡化程式複雜度，讓研發人員能把更多的精力集中在具體的業務問題上，而非陷入瑣碎的細節中。

我們常說這世上不存在「銀彈」，針對具體的專案，需要有各自的最佳化點，正所謂沒有最好的，只有最合適的，所以在研發具體的專案時需要靈活應對，但依然應該儘量遵守標準研發流程。

## 4. HuggingFace 社區活躍度

HuggingFace 的官方主頁網址為 https://huggingface.co，存取後可以透過導航存取 HuggingFace 主 GitHub 倉庫，截至本書寫作時間，已經獲得了 68059 顆星。

包括 Meta、Google、Microsoft、Amazon 在內的超過 5000 家組織機構在為 HuggingFace 開放原始碼社區貢獻程式、資料集和模型。

HuggingFace 的模型倉庫已經共用了超過 60000 個模型，資料集倉庫已經共用了超過 8000 個資料集，基於開放原始碼共用的精神，這些資源的使用都是完全免費的。

HuggingFace 程式庫也在快速更新中，HuggingFace 開始時以自然語言處理任務為重點，所以 HuggingFace 大多數的模型和資料集也是自然語言處理方向的，但影像和語音的功能模型正在快速更新中，相信未來逐漸會把影像和語音的功能完善並標準化，如同自然語言處理一樣。

# 第 2 章
# 使用編碼工具

## 2.1　編碼工具簡介

　　HuggingFace 提供了一套統一的編碼 API，由每個模型各自提交實現。由於統一了 API，所以呼叫者能快速地使用不同模型的編碼工具。

　　在學習 HuggingFace 的編碼工具之前，先看一個範例的編碼過程，以理解編碼工具的工作過程。

## 2.2　編碼工具工作流示意

### 1. 定義字典

　　文字是一個抽象的概念，不是電腦擅長處理的資料單元，電腦擅長處理的是數字運算，所以需要把抽象的文字轉為數字，讓電腦能夠做數學運算。

　　為了把抽象的文字數位化，需要一個字典把文字或詞對應到某個數字。一個示意的字典如下：

```
# 字典
vocab = {
    '<SOS>': 0,
    '<EOS>': 1,
    'the': 2,
    'quick': 3,
    'brown': 4,
    'fox': 5,
    'jumps': 6,
    'over': 7,
    'a': 8,
    'lazy': 9,
```

```
        'dog': 10,
    }
```

**注意**：這只是一個示意的字典，所以只有 11 個詞，在實際專案中的字典可能會有成千上萬個詞。

## 2. 句子前置處理

在句子被分詞之前，一般會對句子進行一些特殊的操作，例如把太長的句子截短，或在句子中增加首尾識別字等。

在範例字典中，我們注意到除了一般的詞之外，還有一些特殊符號，例如 <SOS> 和 <EOS>，它們分別代表一個句子的開頭和結束。把這兩個特殊符號增加到句子上，程式如下：

```
# 簡單編碼
sent = 'the quick brown fox jumps over a lazy dog'
sent = '<SOS> ' + sent + ' <EOS>'
print(sent)
```

執行結果如下：

```
<SOS> the quick brown fox jumps over a lazy dog<EOS>
```

## 3. 分詞

現在句子準備接下來需要把句子分成一個一個的詞。對於中文來講，這是個複雜的問題，但是對於英文來講這個問題比較容易解決，因為英文有自然的分詞方式，即以空格來分詞，程式如下：

```
# 英文分詞
words = sent.split()
print(words)
```

執行結果如下：

```
['<SOS>', 'the', 'quick', 'brown', 'fox', 'jumps', 'over', 'a', 'lazy', 'dog',
'<EOS>']
```

可以看到，這個英文的句子已經分成了比較理想的一個的單字。

對於中文來講，分詞的問題比較複雜，因為中文所有的字是連在一起寫的，不存在一個自然的分隔符號號。有很多成熟的工具能夠做中文分詞，例如 jieba 分詞、LTP 分詞等，但是在本書中不會使用這些工具，因為 HuggingFace 的編碼工具已經包括了分詞這一步工作，由各個模型自行實現，對於呼叫者來講這些工作是透明的，不需要關心具體的實現細節。

### 4. 編碼

句子已按要求增加了首尾識別字，並且分割成了一個一個的單字，現在需要把這些抽象的單字映射為數字。因為已經定義好了字典，所以使用字典就可以把每個單字分別地映射為數字，程式如下：

```
# 編碼為數字
encode = [vocab[i] for i in words]
print(encode)
```

執行結果如下：

```
[0, 2, 3, 4, 5, 6, 7, 8, 9, 10, 1]
```

以上是一個範例的編碼的工作流程，經歷了定義字典、句子前置處理、分詞、編碼 4 個步驟，見表 2-1。

▼ 表 2-1　編碼工作的流程示意

| 定義字典 | <SOS> | <EOS> | the | quick | brown | fox | jumps | over | a | lazy | dog |
|---|---|---|---|---|---|---|---|---|---|---|---|
| | 0 | 1 | 2 | 3 | 4 | 5 | 6 | 7 | 8 | 9 | 10 |
| 原句子 | the quick brown fox jumps over a lazy dog | | | | | | | | | | |
| 句子前置處理 | <SOS> the quick brown fox jumps over a lazy dog <EOS> | | | | | | | | | | |
| 分詞 | <SOS> | the | quick | brown | fox | jumps | over | a | lazy | dog | <EOS> |
| 編碼 | 0 | 2 | 3 | 4 | 5 | 6 | 7 | 8 | 9 | 10 | 1 |

## 2.3　使用編碼工具

經過以上範例，可以知道編碼的過程中要經歷哪些工作步驟了。現在就來看一看如何使用 HuggingFace 提供的編碼工具。

### 1. 載入編碼工具

首先需要載入一個編碼工具，這裡使用 bert-base-chinese 的實現，程式如下：

```
# 第 2 章 / 載入編碼工具
from transformers import BertTokenizer
tokenizer = BertTokenizer.from_pretrained(
    pretrained_model_name_or_path='bert-base-chinese',
    cache_dir=None,
    force_download=False,
)
```

參數 pretrained_model_name_or_path='bert-base-chinese' 指定要載入的編碼工具，大多數模型會把自己提交的編碼工具命名為和模型一樣的名稱。

模型和它的編碼工具通常是成對使用的，不會出現張冠李戴的情況，建議呼叫者也遵從習慣，成對使用。

參數 cache_dir 用於指定編碼工具的快取路徑，這裡指定為 None（預設值），也可以指定想要的快取路徑。

參數 force_download 為 True 時表示無論是否已經有本地快取，都強制執行下載工作。建議設置為 False。

### 2. 準備實驗資料

現在有了一個編碼工具，讓我們來準備一些句子，以測試編碼工具，程式如下：

```
# 第 2 章 / 準備實驗資料
sents = [
    ' 你站在橋上看風景 ',
    ' 看風景的人在樓上看你 ',
    ' 明月裝飾了你的窗子 ',
    ' 你裝飾了別人的夢 ',
]
```

這是一些中文的句子，後面會用這幾個句子做一些實驗。

### 3. 基本的編碼函式

首先從一個基本的編碼方法開始，程式如下：

```
# 第 2 章 / 基本的編碼函式
out = tokenizer.encode(
    text=sents[0],
    text_pair=sents[1],
    # 當句子長度大於 max_length 時截斷
    truncation=True,
    # 一律補 PAD，直到 max_length 長度
    padding='max_length',
    add_special_tokens=True,
    max_length=25,
    return_tensors=None,
)
print(out)
print(tokenizer.decode(out))
```

這裡呼叫了編碼工具的 encode() 函式，這是最基本的編碼函式，一次編碼一個或一對句子，在這個例子中，編碼了一對句子。

不是每個編碼工具都有編碼一對句子的功能，具體取決於不同模型的實現。在 BERT 中一般會編碼一對句子，這和 BERT 的訓練方式有關係，具體可參見第 14 章。

（1）參數 text 和 text_pair 分別為兩個句子，如果只想編碼一個句子，則可讓 text_pair 傳 None。

（2）參數 truncation=True 表示當句子長度大於 max_length 時，截斷句子。

（3）參數 padding= 'max_length' 表示當句子長度不足 max_length 時，在句子的後面補充 PAD，直到 max_length 長度。

（4）參數 add_special_tokens=True 表示需要在句子中增加特殊符號。

（5）參數 max_length=25 定義了 max_length 的長度。

（6）參數 return_tensors=None 表示傳回的資料型態為 list 格式，也可以給予值為 tf、pt、np，分別表示 TensorFlow、PyTorch、NumPy 資料格式。

執行結果如下：

```
[101, 872, 4991, 1762, 3441, 677, 4692, 7599, 3250, 102, 4692, 7599, 3250,
4638, 782, 1762, 3517, 677, 4692, 872, 102, 0, 0, 0, 0]
[CLS] 你 站 在 橋 上 看 風 景 [SEP] 看 風 景 的 人 在 樓 上 看 你 [SEP] [PAD] [PAD]
[PAD] [PAD]
```

可以看到編碼的輸出為一個數字的 list，這裡使用了編碼工具的 decode() 函式把這個 list 還原為分詞前的句子。這樣就可以看出編碼工具對句子做了哪些前置處理工作。

從輸出可以看出，編碼工具把兩個句子前後拼接在一起，中間使用 [SEP] 符號分隔，在整個句子的頭部增加符號 [CLS]，在整個句子的尾部增加符號 [SEP]，因為句子的長度不足 max_length，所以補充了 4 個 [PAD]。

另外從空格的情況也能看出，編碼工具把每個字作為一個詞。因為每個字之間都有空格，表示它們是不同的詞，所以在 BERT 的實現中，中文分詞處理比較簡單，就是把每個字都作為一個詞來處理。

## 4. 進階的編碼函式

完成了上面最基礎的編碼函式，現在來看一個稍微複雜的編碼函式，程式如下：

```
# 第 2 章 / 進階的編碼函式
out = tokenizer.encode_plus(
    text=sents[0],
    text_pair=sents[1],
    # 當句子長度大於 max_length 時截斷
    truncation=True,
    # 一律補零 , 直到 max_length 長度
    padding='max_length',
    max_length=25,
    add_special_tokens=True,
    # 參數 tf、pt、np, 預設為傳回 list
    return_tensors=None,
    # 傳回 token_type_ids
    return_token_type_ids=True,
    # 傳回 attention_mask
    return_attention_mask=True,
    # 傳回 special_tokens_mask 特殊符號標識
    return_special_tokens_mask=True,
    # 傳回 length 標識長度
    return_length=True,
)
#input_ids 編碼後的詞
#token_type_ids 第 1 個句子和特殊符號的位置是 0, 第 2 個句子的位置是 1
#special_tokens_mask 特殊符號的位置是 1, 其他位置是 0
#attention_mask PAD 的位置是 0, 其他位置是 1
#length 傳回句子長度
```

```
for k, v in out.items():
    print(k, ':', v)
tokenizer.decode(out['input_ids'])
```

和之前不同，這裡呼叫了 encode_plus() 函式，這是一個進階版的編碼函式，它會傳回更加複雜的編碼結果。和 encode() 函式一樣，encode_plus() 函式也可以編碼一個句子或一對句子，在這個例子中，編碼了一對句子。

參 數 return_token_type_ids、return_attention_mask、return_special_tokens_mask、return_length 表示需要傳回相應的編碼結果，如果指定為 False，則不會傳回對應的內容。

執行結果如下：

```
input_ids : [101, 872, 4991, 1762, 3441, 677, 4692, 7599, 3250, 102, 4692,
7599, 3250, 4638, 782, 1762, 3517, 677, 4692, 872, 102, 0, 0, 0, 0]
token_type_ids : [0, 0, 0, 0, 0, 0, 0, 0, 0, 0, 1, 1, 1, 1, 1, 1, 1, 1, 1, 1,
1, 0, 0, 0, 0]
special_tokens_mask : [1, 0, 0, 0, 0, 0, 0, 0, 0, 1, 0, 0, 0, 0, 0, 0, 0, 0,
0, 0, 1, 1, 1, 1, 1]
attention_mask : [1, 1, 1, 1, 1, 1, 1, 1, 1, 1, 1, 1, 1, 1, 1, 1, 1, 1, 1, 1, 1,
0, 0, 0, 0]
length : 25
    '[CLS] 你 站 在 橋 上 看 風 景 [SEP] 看 風 景 的 人 在 樓 上 看 你 [SEP] [PAD] [PAD]
[PAD] [PAD]'
```

首先看最後一行，這裡把編碼結果中的 input_ids 還原為文字形式，可以看到經過前置處理的原文本。前置處理的內容和 encode() 函式一致。

這次編碼的結果和 encode() 函式不一樣的地方在於這次傳回的不是一個簡單的 list，而是 4 個 list 和 1 個數字，見表 2-2。

▼ 表 2-2 進階的編碼函式結果

| 句　子 | input_ids | token_type_ids | special_<br>tokens_mask | attention_mask | length |
|---|---|---|---|---|---|
| [CLS] | 101 | 0 | 1 | 1 | 25 |
| 你 | 872 | 0 | 0 | 1 | |
| 站 | 4991 | 0 | 0 | 1 | |
| 在 | 1762 | 0 | 0 | 1 | |
| 橋 | 3441 | 0 | 0 | 1 | |

（續表）

| 句　　子 | input_ids | token_type_ids | special_<br>tokens_mask | attention_mask | length |
|---|---|---|---|---|---|
| 上 | 677 | 0 | 0 | 1 | |
| 看 | 4692 | 0 | 0 | 1 | |
| 風 | 7599 | 0 | 0 | 1 | |
| 景 | 3250 | 0 | 0 | 1 | |
| [SEP] | 102 | 0 | 1 | 1 | |
| 看 | 4692 | 1 | 0 | 1 | |
| 風 | 7599 | 1 | 0 | 1 | |
| 景 | 3250 | 1 | 0 | 1 | |
| 的 | 4638 | 1 | 0 | 1 | |
| 人 | 782 | 1 | 0 | 1 | |
| 在 | 1762 | 1 | 0 | 1 | |
| 樓 | 3517 | 1 | 0 | 1 | |
| 上 | 677 | 1 | 0 | 1 | |
| 看 | 4692 | 1 | 0 | 1 | |
| 你 | 872 | 1 | 0 | 1 | |
| [SEP] | 102 | 1 | 1 | 1 | |
| [PAD] | 0 | 0 | 1 | 0 | |
| [PAD] | 0 | 0 | 1 | 0 | |
| [PAD] | 0 | 0 | 1 | 0 | |
| [PAD] | 0 | 0 | 1 | 0 | |

接下來對編碼的結果分別說明。

（1）輸出 input_ids：編碼後的詞，也就是 encode() 函式的輸出。

（2）輸出 token_type_ids：因為編碼的是兩個句子，這個 list 用於表示編碼結果中哪些位置是第 1 個句子，哪些位置是第 2 個句子。具體表現為，第 2 個句子的位置是 1，其他位置是 0。

（3）輸出 special_tokens_mask：用於表示編碼結果中哪些位置是特殊符號，具體表現為，特殊符號的位置是 1，其他位置是 0。

（4）輸出 attention_mask：用於表示編碼結果中哪些位置是 PAD。具體表現為，PAD 的位置是 0，其他位置是 1。

（5）輸出 length：表示編碼後句子的長度。

## 5. 批次的編碼函式

以上介紹的函式，都是一次編碼一對或一個句子，在實際專案中需要處理的資料往往是成千上萬的，為了提高效率，可以使用 batch_encode_plus () 函式批次地進行資料處理，程式如下：

```
# 第 2 章 / 批次編碼成對的句子
out = tokenizer.batch_encode_plus(
    # 編碼成對的句子
    batch_text_or_text_pairs=[(sents[0], sents[1]), (sents[2], sents[3])],
    add_special_tokens=True,
    # 當句子長度大於 max_length 時截斷
    truncation=True,
    # 一律補零 , 直到 max_length 長度
    padding='max_length',
    max_length=25,
    # 參數 tf、pt、np, 預設為傳回 list
    return_tensors=None,
    # 傳回 token_type_ids
    return_token_type_ids=True,
    # 傳回 attention_mask
    return_attention_mask=True,
    # 傳回 special_tokens_mask 特殊符號標識
    return_special_tokens_mask=True,
    # 傳回 offsets_mapping 標識每個詞的起止位置 , 這個參數只能 BertTokenizerFast 使用
    #return_offsets_mapping=True,
    # 傳回 length 標識長度
    return_length=True,
)
#input_ids 編碼後的詞
#token_type_ids 第 1 個句子和特殊符號的位置是 0, 第 2 個句子的位置是 1
#special_tokens_mask 特殊符號的位置是 1, 其他位置是 0
#attention_mask PAD 的位置是 0, 其他位置是 1
#length 傳回句子長度
for k, v in out.items():
    print(k, ':', v)
tokenizer.decode(out['input_ids'][0])
```

參數 batch_text_or_text_pairs 用於編碼一批句子，範例中為成對的句子，如果需要編碼的是一個一個的句子，則修改為以下的形式即可。

```
batch_text_or_text_pairs=[sents[0], sents[1]]
```

執行結果如下：

```
input_ids : [[101, 872, 4991, 1762, 3441, 677, 4692, 7599, 3250, 102, 4692,
7599, 3250, 4638, 782, 1762, 3517, 677, 4692, 872, 102, 0, 0, 0, 0], [101,
21128, 21129, 749, 872, 4638, 21130, 102, 872, 21129, 749, 1166, 782, 4638,
3457, 102, 0, 0, 0, 0, 0, 0, 0, 0, 0]]
token_type_ids : [[0, 0, 0, 0, 0, 0, 0, 0, 0, 0, 1, 1, 1, 1, 1, 1, 1, 1, 1, 1,
1, 0, 0, 0, 0], [0, 0, 0, 0, 0, 0, 0, 0, 1, 1, 1, 1, 1, 1, 1, 1, 0, 0, 0, 0, 0,
0, 0, 0, 0]]
special_tokens_mask : [[1, 0, 0, 0, 0, 0, 0, 0, 0, 1, 0, 0, 0, 0, 0, 0, 0, 0, 0,
0, 1, 1, 1, 1, 1], [1, 0, 0, 0, 0, 0, 0, 1, 0, 0, 0, 0, 0, 0, 0, 1, 1, 1, 1, 1,
1, 1, 1, 1, 1]]
length : [21, 16]
attention_mask : [[1, 1, 1, 1, 1, 1, 1, 1, 1, 1, 1, 1, 1, 1, 1, 1, 1, 1, 1, 1,
1, 0, 0, 0, 0], [1, 1, 1, 1, 1, 1, 1, 1, 1, 1, 1, 1, 1, 1, 1, 1, 0, 0, 0, 0, 0,
0, 0, 0, 0]]
'[CLS] 你 站 在 橋 上 看 風 景 [SEP] 看 風 景 的 人 在 樓 上 看 你 [SEP] [PAD] [PAD]
[PAD] [PAD]'
```

可以看到，這裡的輸出都是二維的 list 了，表示這是一個批次的編碼。這個函式在後續章節中會多次用到。

## 6. 對字典的操作

到這裡，已經掌握了編碼工具的基本使用，接下來看一看如何操作編碼工具中的字典。首先查看字典，程式如下：

```
# 第 2 章 / 獲取字典
vocab = tokenizer.get_vocab()
type(vocab), len(vocab), ' 明月 ' in vocab
```

執行後輸出如下：

```
(dict, 21128, False)
```

可以看到，字典本身是個 dict 類型的資料。在 BERT 的字典中，共有 21128 個詞，並且「明月」這個詞並不存在於字典中。

既然「明月」並不存在於字典中，可以把這個新詞增加到字典中，程式如下：

```
# 第 2 章 / 增加新詞
tokenizer.add_tokens(new_tokens=[' 明月 ', ' 裝飾 ', ' 窗子 '])
```

　　這裡增加了 3 個新詞,分別為「明月」「裝飾」和「窗子」。也可以增加新的符號,程式如下:

```
# 第 2 章 / 增加新符號
tokenizer.add_special_tokens({'eos_token': '[EOS]'})
```

　　接下來試試用增加了新詞的字典編碼句子,程式如下:

```
# 第 2 章 / 編碼新增加的詞
out=tokenizer.encode(
    text=' 明月裝飾了你的窗子 [EOS]',
    text_pair=None,
    # 當句子長度大於 max_length 時截斷
    truncation=True,
    # 一律補 PAD, 直到 max_length 長度
    padding='max_length',
    add_special_tokens=True,
    max_length=10,
    return_tensors=None,
)
print(out)
tokenizer.decode(out)
```

　　輸出如下:

```
[101, 21128, 21129, 749, 872, 4638, 21130, 21131, 102, 0]
 '[CLS] 明月 裝飾 了 你 的  窗子 [EOS] [SEP] [PAD]'
```

　　可以看到,「明月」已經被辨識為一個詞,而非兩個詞,新的特殊符號 [EOS] 也被正確辨識。

## 2.4　小結

　　本章講解了編碼的工作流程,分為定義字典、句子前置處理、分詞、編碼等步驟;使用了 HuggingFace 編碼工具的基本編碼函式和批次編碼函式,並對編碼結果進行了解讀;查看了 HuggingFace 編碼工具的字典,並且能向字典增加新詞。

# 第 3 章
# 使用資料集工具

## 3.1 資料集工具介紹

在以往的自然語言處理任務中會花費大量的時間在資料處理上,針對不同的資料集往往需要不同的處理過程,各個資料集的格式差異大,處理起來複雜又容易出錯。針對以上問題,HuggingFace 提供了統一的資料集處理工具,讓開發者在處理各種不同的資料集時可以透過統一的 API 處理,大大降低了資料處理的工作量。

登入 HuggingFace 官網,按一下頂部的 Datasets,即可看到 HuggingFace 提供的資料集,如圖 3-1 所示。

▲ 圖 3-1 HuggingFace 資料集頁面

在該介面左側可以根據不同的任務類型、語言、體積、使用許可來篩選資料集，右側為具體的資料集列表，其中有經典的 glue、super_glue 資料集，問答資料集 squad，情感分類資料集 imdb，純文字資料集 wikitext。

按一下具體的某個資料集，進入資料集的詳情頁面，可以看到資料集的概要資訊。以 glue 資料集為例，在詳情頁可以看到 glue 的各個資料子集的概要內容，每個資料子集的下方可能會有作者寫的說明資訊，如圖 3-2 所示。

▲ 圖 3-2 資料集詳情頁面

不要擔心，你不需要熟悉所有的資料集，這些資料集大多是英文的，本書重點關注中文的資料集。出於簡單起見，本書只會使用幾個簡單的資料集來完成後續的實戰任務，具體可參看接下來的程式演示。

## 3.2 使用資料集工具

### 3.2.1 資料集載入和儲存

**1. 線上載入資料集**

使用 HuggingFace 資料集工具載入資料往往只需一行程式，以載入名為

seamew/ChnSentiCorp 資料集為例，程式如下：

```
# 第3章 / 載入資料集
from datasets import load_dataset
dataset = load_dataset(path='seamew/ChnSentiCorp')
dataset
```

**注意**：由於 HuggingFace 把資料集儲存在 Google 雲端硬碟上，載入時可能會遇到網路問題，所以本書的書附程式中已經提供了儲存好的資料檔案，使用 load_from_disk() 函式載入即可。關於 load_from_disk() 函式可參見本章「從本地磁碟載入資料集」一節。

可以看到，要載入一個資料集是很簡單的，使用 load_dataset() 函式，把資料集的名稱作為參數傳入即可。執行結果如下：

```
DatasetDict({
    train: Dataset({
        features: ['text', 'label'],
        num_rows: 9600
    })
    validation: Dataset({
        features: ['text', 'label'],
        num_rows: 0
    })
    test: Dataset({
        features: ['text', 'label'],
        num_rows: 1200
    })
})
```

可以看到 seamew/ChnSentiCorp 共分為 3 部分，分別為 train、validation 和 test，分別代表訓練集、驗證集和測試集，並且每筆資料有兩個欄位，即 text 和 label，分別代表文字和標籤。

還可以看到 3 部分分別的資料量，其中驗證集的資料量為 0 筆，說明雖然作者切分出了驗證集這部分，但並沒有在其中分配資料，這是一個空的部分。

載入資料集的 load_dataset() 函式還有一些其他參數，透過下面這個例子說明，程式如下：

```
# 第 3 章 / 載入 glue 資料集
load_dataset(path='glue', name='sst2', split='train')
```

　　這裡載入了經典的 glue 資料集，熟悉 glue 的讀者可能已經知道 glue 分了很多資料子集，可以以參數 name 指定要載入的資料子集，在上面的例子中載入了 sst2 資料子集。

　　還可以使用參數 split 直接指定要載入的資料部分，在上面的例子中載入了資料的 train 部分。

　　執行結果如下：

```
Dataset({
    features: ['sentence', 'label', 'idx'],
    num_rows: 67349
})
```

　　可以看到，glue 的 sst2 資料子集的 train 部分有 67349 筆資料，每筆資料都具有 sentence、label 和 idx 欄位。

## 2. 將資料集儲存到本地磁碟

　　載入了資料集後，可以使用 save_to_disk() 函式將資料集儲存到本地磁碟，程式如下：

```
# 第 3 章 / 將資料集儲存到磁碟
dataset.save_to_disk(
    dataset_dict_path='./data/ChnSentiCorp')
```

## 3. 從本地磁碟載入資料集

　　儲存到磁碟以後可以使用 load_from_disk() 函式載入資料集，程式如下：

```
# 第 3 章 / 從磁碟載入資料集
from datasets import load_from_disk
dataset = load_from_disk('./data/ChnSentiCorp')
```

## 3.2.2 資料集基本操作

## 1. 取出資料部分

　　為了便於做後續的實驗，這裡取出資料集的 train 部分，程式如下：

```
# 使用 train 資料子集做後續的實驗
dataset = dataset['train']
```

## 2. 查看資料內容

可以查看部分資料樣例，程式如下：

```
# 第 3 章 / 查看資料樣例
for i in [12, 17, 20, 26, 56]:
    print(dataset[i])
```

執行結果如下：

```
{'text': ' 輕便，方便攜帶，性能也不錯，能滿足平時的工作需要，對出差人員來講非常不錯 ',
'label': 1}
{'text': ' 很好的地理位置，一塌糊塗的服務，蕭條的酒店。', 'label': 0}
{'text': ' 非常不錯，服務很好，位於市中心區，交通方便，不過價格也高！', 'label': 1}
{'text': ' 跟住招待所沒什麼太大區別。絕對不會再住第 2 次的酒店！', 'label': 0}
{'text': ' 價格太高，C/P 值不夠好。我覺得今後還是去其他酒店比較好。', 'label': 0}
```

到這裡，可以看出資料是什麼內容了，這是一份購物和消費評論資料，欄位 text 表示消費者的評論，欄位 label 表示這是一段好評還是負評。

## 3. 資料排序

可以使用 sort() 函式讓資料按照某個欄位排序，程式如下：

```
# 第 3 章 / 排序資料
# 資料中的 label 是無序的
print(dataset['label'][:10])
# 讓資料按照 label 排序
sorted_dataset = dataset.sort('label')
print(sorted_dataset['label'][:10])
print(sorted_dataset['label'][-10:])
```

執行結果如下：

```
[1, 1, 0, 0, 1, 0, 0, 0, 1, 1]
[0, 0, 0, 0, 0, 0, 0, 0, 0, 0]
[1, 1, 1, 1, 1, 1, 1, 1, 1, 1]
```

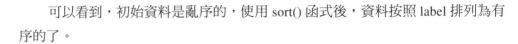

可以看到，初始資料是亂序的，使用 sort() 函式後，資料按照 label 排列為有序的了。

## 4. 打亂資料

和 sort() 函式相對應，可以使用 shuffle() 函式再次打亂資料，程式如下：

```
# 第 3 章 / 打亂資料順序
shuffled_dataset=sorted_dataset.shuffle(seed=42)
shuffled_dataset['label'][:10]
```

執行結果如下：

```
[0, 1, 0, 0, 1, 0, 1, 0, 1, 0]
```

可以看到，資料再次被打亂為無序。

## 5. 資料抽樣

可以使用 select() 函式從資料集中選擇某些資料，程式如下：

```
# 第 3 章 / 從資料集中選擇某些資料
dataset.select([0, 10, 20, 30, 40, 50])
```

執行結果如下：

```
Dataset({
    features: ['text', 'label'],
    num_rows: 6
})
```

選擇出的資料會再次組裝成一個資料子集，使用這種方法可以實現資料抽樣。

## 6. 資料過濾

使用 filter() 函式可以按照自訂的規則過濾資料，程式如下：

```
# 第 3 章 / 過濾資料
def f(data):
    return data['text'].startswith(' 非常不錯 ')
dataset.filter(f)
```

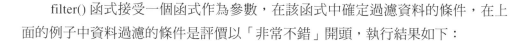

　　filter() 函式接受一個函式作為參數,在該函式中確定過濾資料的條件,在上面的例子中資料過濾的條件是評價以「非常不錯」開頭,執行結果如下:

```
Dataset({
    features: ['text', 'label'],
    num_rows: 13
})
```

　　可以看到,滿足評價以「非常不錯」開頭的資料共有 13 筆。

## 7. 訓練測試集拆分

　　可以使用 train_test_split() 函式將資料集切分為訓練集和測試集,程式如下:

```
# 第 3 章 / 切分訓練集和測試集
dataset.train_test_split(test_size=0.1)
```

　　參數 test_size 表示測試集占資料整體的比例,例子中占 10%,可知訓練集占 90%,執行結果如下:

```
DatasetDict({
    train: Dataset({
        features: ['text', 'label'],
        num_rows: 8640
    })
    test: Dataset({
        features: ['text', 'label'],
        num_rows: 960
    })
})
```

　　可以看到,資料集被切分為 train 和 test 兩部分,並且兩部分資料量的比例滿足 9:1。

## 8. 資料分桶

　　可以使用 shared () 函式把資料均勻地分為 n 部分,程式如下:

```
# 第 3 章 / 資料分桶
dataset.shard(num_shards=4, index=0)
```

　　(1)參數 num_shards 表示要把資料均勻地分為幾部分,例子中分為 4 部分。

（2）參數 index 表示要取出第幾份資料，例子中為取出第 0 份。

執行結果如下：

```
Dataset({
    features: ['text', 'label'],
    num_rows: 2400
})
```

因為原資料集數量為 9600 筆，均勻地分為 4 份後每一份是 2400 筆，和上面的輸出一致。

### 9. 重新命名欄位

使用 rename_column() 函式可以重新命名欄位，程式如下：

```
# 第 3 章 / 欄位重新命名
dataset.rename_column('text', 'text_rename')
```

執行結果如下：

```
Dataset({
    features: ['text_rename', 'label'],
    num_rows: 9600
})
```

原始欄位 text 現在已經被重新命名為 text_rename。

### 10.刪除欄位

使用 remove_columns() 函式可以刪除欄位，程式如下：

```
# 第 3 章 / 刪除欄位
dataset.remove_columns(['text'])
```

執行結果如下：

```
Dataset({
    features: ['label'],
    num_rows: 9600
})
```

可以看到欄位 text 現在已經被刪除。

## 11. 映射函式

有時希望對資料集整體做一些修改，可以使用 map() 函式遍歷資料，並且對每筆資料都進行修改，程式如下：

```
# 第 3 章 / 應用函式
def f(data):
    data['text'] = 'My sentence: ' + data['text']
    return data
maped_datatset = dataset.map(f)
print(dataset['text'][20])
print(maped_datatset['text'][20])
```

map() 函式是很強大的函式，map() 函式以一個函式作為傳入參數，在該函式中確定要對資料進行的修改，可以是對資料本身的修改，例如例子中的程式就是對 text 欄位增加了一個首碼，也可以進行增加欄位、刪除欄位、修改資料格式等操作，執行結果如下：

```
非常不錯，服務很好，位於市中心區，交通方便，不過價格也高！
My sentence: 非常不錯，服務很好，位於市中心區，交通方便，不過價格也高！
```

經過 map() 函式的映射後 text 欄位多了一個首碼，而原始資料則沒有。

## 12. 使用批次處理加速

在使用過濾和映射這類需要使用一個函式遍歷資料集的方法時，可以使用批次處理減少函式呼叫的次數，從而達到加速處理的目的。在預設情況下是不使用批次處理的，由於每筆資料都需要呼叫一次函式，所以函式呼叫的次數等於資料集中資料的筆數，如果資料的數量很多，則需要呼叫很多次函式。使用批次處理函式，能夠一批一批地處理資料，讓函式呼叫的次數大大減少，程式如下：

```
# 第 3 章 / 使用批次處理加速
def f(data):
    text=data['text']
    text=['My sentence: ' + i for i in text]
    data['text']=text
    return data
maped_datatset=dataset.map(function=f,
                           batched=True,
                           batch_size=1000,
                           num_proc=4)
print(dataset['text'][20])
print(maped_datatset['text'][20])
```

在這段程式中，呼叫了資料集的 map() 函式，對資料進行了映射操作，但這次除了資料處理函式之外，還額外傳入了很多參數，下面對這些參數進行講解。

（1）參數 batched=True 和 batch_size=1000：表示以 1000 筆資料為一個批次進行一次處理，將會把函式執行的次數削減約 1000 倍，提高了執行效率，但同時對記憶體會提出更高的要求，讀者需要結合自己的運算裝置調節合適的值，通常來講，1000 是個合適的值。

（2）參數 num_proc=4：表示在 4 條執行緒上執行該任務，同樣是和性能相關的參數，讀者可以結合自己的運算裝置調節該值，一般設置為 CPU 核心數量。

當使用批次處理處理資料時，每次傳入處理函式的就不是一筆資料了，而是一個批次的資料。在上面的例子中，一個批次為 1000 筆資料，在撰寫處理函式時需要注意，以上程式的執行結果如下：

```
非常不錯，服務很好，位於市中心區，交通方便，不過價格也高！
My sentence：非常不錯，服務很好，位於市中心區，交通方便，不過價格也高！
```

可以看到，資料處理的結果和使用單筆資料映射時的結果一致，使用批次處理僅是性能上的考量，不會影響資料處理的結果。

## 13. 設置資料格式

使用 set_format() 函式修改資料格式，程式如下：

```
# 第 3 章 / 設置資料格式
dataset.set_format(type='torch', columns=['label'], output_all_columns= True)
dataset[20]
```

（1）參數 type 表示要修改為的資料型態，常用的設定值有 numpy、torch、tensorflow、pandas 等。

（2）參數 columns 表示要修改格式的欄位。

（3）參數 output_all_columns 表示是否要保留其他欄位，設置為 True 表示要保留。

執行結果如下：

```
{'label': tensor(1), 'text': '非常不錯,服務很好,位於市中心區,交通方便,不過價格也高！'}
```

欄位 label 已經被修改為 PyTorch 的 Tensor 格式。

### 3.2.3 將資料集儲存為其他格式

#### 1. 將資料儲存為 CSV 格式

可以把資料集儲存為 CSV 格式，便於分享，同時資料集工具也有載入 CSV 格式資料的方法，程式如下：

```
# 第 3 章 / 匯出為 CSV 格式
dataset = load_dataset(path='seamew/ChnSentiCorp', split='train')
dataset.to_csv(path_or_buf='./data/ChnSentiCorp.csv')
# 載入 CSV 格式資料
csv_dataset = load_dataset(path='csv',
                                data_files='./data/ChnSentiCorp.csv',
                                split='train')
csv_dataset[20]
```

執行結果如下：

```
{'Unnamed: 0': 20, 'text': ' 非常不錯，服務很好，位於市中心區，交通方便，不過價格也高！',
'label': 1}
```

可以看到，儲存為 CSV 格式後再載入，多了一個 Unnamed 欄位，在這一列中實際儲存的是資料的序號，這和儲存的 CSV 檔案內容有關係。如果不想要這一列，則可以直接到 CSV 檔案去刪除第 1 列，刪除時可以使用資料集的刪除列功能，在此不再贅述。

#### 2. 儲存資料為 JSON 格式

除了可以儲存為 CSV 格式外，也可以儲存為 JSON 格式，方法和 CSV 格式大同小異，程式如下：

```
# 第 3 章 / 匯出為 JSON 格式
dataset=load_dataset(path='seamew/ChnSentiCorp', split='train')
dataset.to_json(path_or_buf='./data/ChnSentiCorp.json')
# 載入 JSON 格式資料
json_dataset=load_dataset(path='json',
                                data_files='./data/ChnSentiCorp.json',
```

```
                          split='train')
json_dataset[20]
```

執行結果如下：

```
{'text': '非常不錯，服務很好，位於市中心區，交通方便，不過價格也高！', 'label': 1}
```

可以看到，儲存為 JSON 格式並不存在多列的問題。

## 3.3 小結

本章講解了 HuggingFace 資料集工具的使用，包括資料的載入、儲存、查看、排序、抽樣、過濾、拆分、映射、列重新命名等操作。

# 第 4 章
# 使用評價指標工具

## 4.1 評價指標工具介紹

在訓練和測試一個模型時往往需要計算不同的評價指標，如正確率、查準率、查全率、F1 值等，具體需要的指標往往和處理的資料集、任務類型有關。HuggingFace 提供了統一的評價指標工具，能夠將具體的計算過程隱藏，呼叫者只需提供計算結果，由評價指標工具列舉出評價指標。

## 4.2 使用評價指標工具

### 1. 列出可用的評價指標

使用 list_metrics() 函式可獲取可用的評價指標串列，程式如下：

```
# 第 4 章 / 列出可用的評價指標
from datasets import list_metrics
metrics_list = list_metrics()
len(metrics_list), metrics_list[:5]
```

執行結果如下：

```
(51, ['accuracy', 'bertscore', 'bleu', 'bleurt', 'cer'])
```

可以看到，共有 51 個可用的評價指標，為了節省篇幅，這裡只列印前 5 個。

### 2. 載入一個評價指標

使用 load_metric() 函式載入一個評價指標。評價指標往往和對應的資料集配套使用，此處以 glue 資料集的 mrpc 子集為例，程式如下：

```
# 第 4 章 / 載入一個評價指標
from datasets import load_metric
metric = load_metric(path='glue', config_name='mrpc')
```

可以看到，載入一個評價指標和載入一個資料集一樣簡單。將對應資料集和子集的名稱輸入 load_metric() 函式即可得到對應的評價指標，但並不是每個資料集都有對應的評價指標，在實際使用時以滿足需要為準則選擇合適的評價指標即可。

### 3. 獲取評價指標的使用說明

評價指標的 inputs_description 屬性為一段文字，描述了評價指標的使用方法，不同的評價指標需要的輸入往往是不同的，程式如下：

```
print(metric.inputs_description)
```

該輸出的內容很長，包括了對此評價指標的介紹，要求輸入格式的說明，輸出指標的說明，以及部分範例程式，此處截選部分內容如下：

```
>>> glue_metric=datasets.load_metric('glue', 'mrpc')  #'mrpc' or 'qqp'
>>> references=[0, 1]
>>> predictions=[0, 1]
>>> results=glue_metric.compute(predictions=predictions, references=
references)
>>> print(results)
    {'accuracy': 1.0, 'f1': 1.0}
```

這是一段範例程式，其中很清晰地列舉出了此評價指標的使用方法。

### 4. 計算評價指標

按照上面的範例程式，可以實際地計算此評價指標，程式如下：

```
# 第 4 章 / 計算一個評價指標
predictions=[0, 1, 0]
references=[0, 1, 1]
metric.compute(predictions=predictions, references=references)
```

執行結果如下：

```
{'accuracy': 0.6666666666666666, 'f1': 0.6666666666666666}
```

可以看到，這個評價指標的計算輸出包括了正確率和 F1 值。

## 4.3 小結

本章講解了 HuggingFace 評價指標工具的使用，在實際使用時評價指標工具往往和訓練工具一起使用，能夠隨著訓練步驟進行，同時監控評價指標，以確定模型確實正向著一個理想的目標進步。

第 5 章

# 使用管道工具

## 5.1　管道工具介紹

　　HuggingFace 有一個巨大的模型庫，其中一些是已經非常成熟的經典模型，這些模型即使不進行任何訓練也能直接得出比較好的預測結果，也就是常說的 Zero Shot Learning。

　　使用管道工具時，呼叫者需要做的只是告訴管道工具要進行的任務類型，管道工具會自動分配合適的模型，直接列舉出預測結果，如果這個預測結果對於呼叫者已經可以滿足需求，則不再需要再訓練。

　　管道工具的 API 非常簡潔，隱藏了大量複雜的底層程式，即使是非專業人員也能輕鬆使用。

## 5.2　使用管道工具

### 5.2.1　常見任務演示

#### 1.　文字分類

　　使用管道工具處理文字分類任務，程式如下：

```
# 第 5 章 / 文字分類
from transformers import pipeline
classifier = pipeline("sentiment-analysis")
result = classifier("I hate you")[0]
print(result)
result = classifier("I love you")[0]
```

```
print(result)
```

可以看到，使用管道工具的程式非常簡潔，把任務類型輸入 pipeline() 函式中，傳回值即為能執行具體預測任務的 classifier 物件，如果向具體的句子輸入該物件，則會傳回具體的預測結果。範例程式中預測了 I hate you 和 I love you 兩句話的情感分類，執行結果如下：

```
{'label': 'NEGATIVE', 'score': 0.9991129040718079}
{'label': 'POSITIVE', 'score': 0.9998656511306763}
```

從執行結果可以看到，I hate you 和 I love you 兩句話的情感分類結果分別為 NEGATIVE 和 POSITIVE，並且分數都高於 0.99，可見模型對預測結果的信心很強。

## 2. 閱讀理解

使用管道工具處理閱讀理解任務，程式如下：

```
# 第 5 章 / 閱讀理解
from transformers import pipeline
question_answerer=pipeline("question-answering")
context=r"""
Extractive Question Answering is the task of extracting an answer from a text given a question. An example of a
question answering dataset is the SQuAD dataset, which is entirely based on that task. If you would like to fine-tune
a model on a SQuAD task, you may leverage the examples/PyTorch/question-answering/run_squad.py script.
"""
result=question_answerer(
    question="What is extractive question answering?",
    context=context,
)
print(result)
result=question_answerer(
    question="What is a good example of a question answering dataset?",
    context=context,
)
print(result)
```

在這段程式中，首先以 question-answering 為參數呼叫了 pipeline() 函式，獲得了 question_answerer 物件。context 是一段文字，也是模型需要閱讀理解的目標，

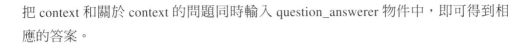

把 context 和關於 context 的問題同時輸入 question_answerer 物件中，即可得到相應的答案。

注意：問題的答案必須在 context 中出現過，因為模型的計算過程是從 context 中找出問題的答案，所以如果問題的答案不在 context 中，則模型不可能找到答案。

執行結果如下：

```
{'score': 0.6177279949188232, 'start': 34, 'end': 95, 'answer': 'the task of
extracting an answer from a text given a question'}
{'score': 0.5152303576469421, 'start': 148, 'end': 161, 'answer': 'SQuAD
dataset'}
```

在範例程式中問了關於 context 的兩個問題，所以此處獲得了兩個答案。

第 1 個問題翻譯成中文是「什麼是取出式問答？」，模型列舉出的答案翻譯成中文是「從給定文字中提取答案的任務」。

第 2 個問題翻譯成中文是「問答資料集的好例子是什麼？」，模型列舉出的答案翻譯成中文是「SQuAD 資料集」。

## 3. 克漏字

使用管道工具處理克漏字任務，程式如下：

```
# 第 5 章 / 克漏字
from transformers import pipeline
unmasker=pipeline("fill-mask")
from pprint import pprint
sentence='HuggingFace is creating a <mask> that the community uses to solve
NLP tasks.'
unmasker(sentence)
```

在這段程式中，sentence 是一個句子，其中某些詞被 <mask> 符號替代了，表示這是需要讓模型填空的空位，執行結果如下：

```
[{'score': 0.17927466332912445,
  'token': 3944,
  'token_str': ' tool',
  'sequence': 'HuggingFace is creating a tool that the community uses to solve
NLP tasks.'},
 {'score': 0.11349395662546158,
```

```
    'token': 7208,
    'token_str': ' framework',
    'sequence': 'HuggingFace is creating a framework that the community uses to
solve NLP tasks.'},
   {'score': 0.05243551731109619,
    'token': 5560,
    'token_str': ' library',
    'sequence': 'HuggingFace is creating a library that the community uses to
solve NLP tasks.'},
   {'score': 0.034935347735881805,
    'token': 8503,
    'token_str': ' database',
    'sequence': 'HuggingFace is creating a database that the community uses to
solve NLP tasks.'},
   {'score': 0.02860259637236595,
    'token': 17715,
    'token_str': ' prototype',
    'sequence': 'HuggingFace is creating a prototype that the community uses to
solve NLP tasks.'}]
```

原問題翻譯成中文是「HuggingFace 正在建立一個社區使用者，用於解決
NLP 任務的 ____ 。」，模型按照信心從高到低列舉出了 5 個答案，翻譯成中文分
別是「工具」「框架」「資料庫」「資料庫」「原型」。

## 4. 文字生成

使用管道工具處理文字生成任務，程式如下：

```
# 第 5 章 / 文字生成
from transformers import pipeline
text_generator=pipeline("text-generation")
text_generator("As far as I am concerned, I will",
                max_length=50,
                do_sample=False)
```

在這段程式中，獲得了 text_generator 物件後，直接呼叫 text_generator 物
件，傳入參數為一個句子的開頭，讓 text_generator 接著往下續寫，參數 max_
length=50 表示要續寫的長度，執行結果如下：

```
[{'generated_text': 'As far as I am concerned, I will be the first to admit that
I am not a fan of the idea of a "free market." I think that the idea of a free
market is a bit of a stretch. I think that the idea'}]
```

這段文字翻譯成中文後為就我而言，我將是第1個承認我不支持「自由市場」理念的人，我認為自由市場的想法有點牽強。我認為這個想法……

## 5. 命名實體辨識

命名實體辨識任務為找出一段文字中的人名、地名、組織機構名稱等。使用管道工具處理命名實體辨識任務，程式如下：

```
# 第5章 / 命名實體辨識
from transformers import pipeline
ner_pipe=pipeline("ner")
sequence = """Hugging Face Inc. is a company based in New York City. Its
headquarters are in DUMBO,
therefore very close to the Manhattan Bridge which is visible from the
window."""
for entity in ner_pipe(sequence):
    print(entity)
```

執行結果如下：

```
{'entity': 'I-ORG', 'score': 0.99957865, 'index': 1, 'word': 'Hu', 'start': 0,
'end': 2}
{'entity': 'I-ORG', 'score': 0.9909764, 'index': 2, 'word': '##gging',
'start': 2, 'end': 7}
{'entity': 'I-ORG', 'score': 0.9982224, 'index': 3, 'word': 'Face', 'start':
8, 'end': 12}
{'entity': 'I-ORG', 'score': 0.9994879, 'index': 4, 'word': 'Inc', 'start':
13, 'end': 16}
{'entity': 'I-LOC', 'score': 0.9994344, 'index': 11, 'word': 'New', 'start':
40, 'end': 43}
{'entity': 'I-LOC', 'score': 0.99931955, 'index': 12, 'word': 'York',
'start': 44, 'end': 48}
{'entity': 'I-LOC', 'score': 0.9993794, 'index': 13, 'word': 'City', 'start':
49, 'end': 53}
{'entity': 'I-LOC', 'score': 0.98625815, 'index': 19, 'word': 'D', 'start':
79, 'end': 80}
{'entity': 'I-LOC', 'score': 0.95142674, 'index': 20, 'word': '##UM',
'start': 80, 'end': 82}
{'entity': 'I-LOC', 'score': 0.93365884, 'index': 21, 'word': '##BO',
'start': 82, 'end': 84}
{'entity': 'I-LOC', 'score': 0.9761654, 'index': 28, 'word': 'Manhattan',
'start': 114, 'end': 123}
{'entity': 'I-LOC', 'score': 0.9914629, 'index': 29, 'word': 'Bridge',
'start': 124, 'end': 130}
```

可以看到，模型辨識中的原文中的組織機構名為 Hugging Face Inc，地名為 New York City、DUMBO、Manhattan Bridge。

## 6. 文字摘要

使用管道工具處理文字摘要任務，程式如下：

```
# 第 5 章 / 文字摘要
from transformers import pipeline
summarizer = pipeline("summarization")
ARTICLE = """ New York (CNN)When Liana Barrientos was 23 years old, she got
married in Westchester County, New York.
A year later, she got married again in Westchester County, but to a different
man and without divorcing her first husband.
Only 18 days after that marriage, she got hitched yet again. Then, Barrientos
declared "I do" five more times, sometimes only within two weeks of each other.
In 2010, she married once more, this time in the Bronx. In an application for
a marriage license, she stated it was her "first and only" marriage.
Barrientos, now 39, is facing two criminal counts of "offering a false
instrument for filing in the first degree," referring to her false statements on the
2010 marriage license application, according to court documents.
Prosecutors said the marriages were part of an immigration scam.
On Friday, she pleaded not guilty at State Supreme Court in the Bronx, according
to her attorney, Christopher Wright, who declined to comment further.
After leaving court, Barrientos was arrested and charged with theft of service
and criminal trespass for allegedly sneaking into the New York subway through an
emergency exit, said Detective
Annette Markowski, a police spokeswoman. In total, Barrientos has been married
10 times, with nine of her marriages occurring between 1999 and 2002.
All occurred either in Westchester County, Long Island, New Jersey or the Bronx.
She is believed to still be married to four men, and at one time, she was married
to eight men at once, prosecutors say.
Prosecutors said the immigration scam involved some of her husbands, who filed
for permanent residence status shortly after the marriages.
Any divorces happened only after such filings were approved. It was unclear
whether any of the men will be prosecuted.
The case was referred to the Bronx District Attorney\'s Office by Immigration
and Customs Enforcement and the Department of Homeland Security\'s
Investigation Division. Seven of the men are from so-called "red-flagged"
countries, including Egypt, Turkey, Georgia, Pakistan and Mali.
Her eighth husband, Rashid Rajput, was deported in 2006 to his native
Pakistan after an investigation by the Joint Terrorism Task Force.
If convicted, Barrientos faces up to four years in prison.  Her next court
appearance is scheduled for May 18.
"""
summarizer(ARTICLE, max_length=130, min_length=30, do_sample=False)
```

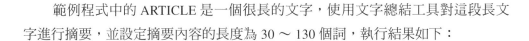

範例程式中的 ARTICLE 是一個很長的文字，使用文字總結工具對這段長文字進行摘要，並設定摘要內容的長度為 30 ～ 130 個詞，執行結果如下：

```
[{'summary_text': ' Liana Barrientos, 39, is charged with two counts of
"offering a false instrument for filing in the first degree" In total, she has been
married 10 times, with nine of her marriages occurring between 1999 and 2002 .
At one time, she was married to eight men at once, prosecutors say .'}]
```

摘要翻譯成中文為現年 39 歲的莉安娜•巴連托斯被控兩項「提供虛假文書申請一級學位」的罪名。她共結過 10 次婚，其中 9 次發生在 1999—2002 年。檢察官表示，她曾一度與 8 名男性同時結婚。

由於原文太長，這裡不便於列舉出中文翻譯，讀者可以自行檢查該摘要和原文的內容是否契合。

## 7. 翻譯

使用管道工具處理翻譯任務，程式如下：

```
# 第 5 章 / 翻譯
from transformers import pipeline
translator=pipeline("translation_en_to_de")
sentence="Hugging Face is a technology company based in New York and Paris"
translator(sentence, max_length=40)
```

在這段程式中，首先以參數 translation_en_to_de 呼叫了 pipeline() 函式，獲得了 translator。從該參數可以看出，這是一個從英文翻譯到德文的管道工具。

**注意**：由於預設的翻譯任務底層呼叫的是 t5-base 模型，該模型只支援由英文翻譯為德文、法文、羅馬尼亞文，如果需要支援其他語言，則需要替換模型，具體可參見本章「替換模型執行中譯英任務」和「替換模型執行英譯中任務」兩節。

執行結果如下：

```
[{'translation_text': 'Hugging Face ist ein Technologieunternehmen mit Sitz
in New York und Paris.'}]
```

模型列舉出的德文翻譯成中文是「Hugging Face 是一家總部位於紐約和巴黎的科技公司。」這和英文原文的意思基本一致。

## 5.2.2 替換模型執行任務

### 1. 替換模型執行中譯英任務

　　管理工具會根據不同的任務自動分配一個模型，如果該模型不是呼叫者想使用的，則可以指定管道工具使用的模型。此處以翻譯任務為例，程式如下：

```
# 第 5 章 / 替換模型執行中譯英任務
from transformers import pipeline, AutoTokenizer, AutoModelForSeq2SeqLM
# 要使用該模型，需要安裝 sentencepiece
!pip install sentencepiece
tokenizer=AutoTokenizer.from_pretrained("Helsinki-NLP/opus-mt-zh-en")
model=AutoModelForSeq2SeqLM.from_pretrained("Helsinki-NLP/opus-mt-zh-en")
translator=pipeline(task="translation_zh_to_en",
                        model=model,
                        tokenizer=tokenizer)
sentence=" 我叫薩拉，我住在倫敦。"
translator(sentence, max_length=20)
```

　　在這段程式中，同樣執行翻譯任務，不過執行了預設的翻譯任務工具不支持的中譯英任務，為了支持中譯英這個任務，需要替換預設的模型，程式中載入了一個模型和其對應的編碼工具，再把模型和編碼工具作為參數輸入 pipeline() 函式中，得到替換了模型的翻譯管道工具。最後執行一個中譯英任務，執行結果如下：

```
[{'translation_text': 'My name is Sarah, and I live in London.'}]
```

　　從執行結果來看，翻譯的效果還是比較理想的。

### 2. 替換模型執行英譯中任務

　　根據上述中譯英管道工具的例子，此處再舉一例英譯中任務，程式如下：

```
# 第 5 章 / 替換模型執行英譯中任務
from transformers import pipeline, AutoTokenizer, AutoModelForSeq2SeqLM
# 要使用該模型，需要安裝 sentencepiece
!pip install sentencepiece
tokenizer=AutoTokenizer.from_pretrained("Helsinki-NLP/opus-mt-en-zh")
model=AutoModelForSeq2SeqLM.from_pretrained("Helsinki-NLP/opus-mt-en-zh")
translator=pipeline(task="translation_en_to_zh",
                    model=model,
                    tokenizer=tokenizer)
sentence="My name is Sarah and I live in London"
translator(sentence, max_length=20)
```

程式內容和中譯英任務大同小異，只是替換了模型的名稱，以及管道工具的翻譯方向，執行結果如下：

```
[{'translation_text': ' 我叫薩拉 , 我住倫敦 '}]
```

從執行結果來看，翻譯的效果還是比較理想的。

## 5.3　小結

本章講解了 HuggingFace 管道工具的使用，管道工具的使用非常簡單，同時也能實現非常強大的功能，如果對預測的結果要求不高，則可以免於再訓練的煩瑣步驟。管道工具是 HuggingFace 提供的非常實用的工具。

第 6 章
# 使用訓練工具

## 6.1 訓練工具介紹

　　HuggingFace 提供了巨大的模型庫，雖然其中的很多模型性能表現出色，但這些模型往往是在廣義的資料集上訓練的，缺乏針對特定資料集的最佳化，所以在獲得一個合適的模型之後，往往還要針對具體任務的特定資料集進行二次訓練，這就是所謂的遷移學習。

　　使用遷移學習的好處很多，例如節約了碳排放，保護了珍貴的地球；遷移學習的訓練難度低，要求的資料集數量少，對運算資源的要求也低。

　　HuggingFace 提供了訓練工具，統一了模型的再訓練過程，使呼叫者無須了解具體模型的計算過程，只需針對具體的任務準備好資料集，便可以再訓練模型。

　　在本章中將使用一個情感分類任務的例子來再訓練一個模型，以此來講解 HuggingFace 訓練工具的使用方法。

## 6.2 使用訓練工具

### 6.2.1 準備資料集

**1. 載入編碼工具**

　　首先載入一個編碼工具，由於編碼工具和模型往往是成對使用的，所以此處使用 hfl/rbt3 編碼工具，因為要再訓練的模型是 hfl/rbt3 模型，程式如下：

```
#第6章/載入tokenizer
from transformers import AutoTokenizer
tokenizer = AutoTokenizer.from_pretrained('hfl/rbt3')
```

載入了編碼工具之後不妨試算一下，觀察一下輸出，程式如下：

```
# 第 6 章 / 試編碼句子
tokenizer.batch_encode_plus(
    [' 明月裝飾了你的窗子 ', ' 你裝飾了別人的夢 '],
    truncation=True,
)
```

執行結果如下：

```
{'input_ids': [[101, 3209, 3299, 6163, 7652, 749, 872, 4638, 4970, 2094,
102], [101, 872, 6163, 7652, 749, 1166, 782, 4638, 3457, 102]], 'token_type_ids':
[[0, 0, 0, 0, 0, 0, 0, 0, 0, 0, 0], [0, 0, 0, 0, 0, 0, 0, 0, 0, 0]], 'attention_
mask': [[1, 1, 1, 1, 1, 1, 1, 1, 1, 1, 1], [1, 1, 1, 1, 1, 1, 1, 1, 1, 1]]}
```

## 2. 準備資料集

載入資料集，使用該資料集來再訓練模型，程式如下：

```
# 第 6 章 / 從磁碟載入資料集
from datasets import load_from_disk
dataset = load_from_disk('./data/ChnSentiCorp')
# 縮小資料規模，便於測試
dataset['train'] = dataset['train'].shuffle().select(range(2000))
dataset['test'] = dataset['test'].shuffle().select(range(100))
dataset
```

在這段程式中，對資料集進行了採樣，目的有以下兩方面：一是便於測試；二是模擬再訓練集的規模較小的情況，以驗證即使是小的資料集，也能透過遷移學習得到一個較好的訓練結果。執行結果如下：

```
DatasetDict({
    train: Dataset({
        features: ['text', 'label'],
        num_rows: 2000
    })
    validation: Dataset({
        features: ['text', 'label'],
        num_rows: 0
    })
    test: Dataset({
        features: ['text', 'label'],
        num_rows: 100
    })
})
```

可見訓練集的數量僅有 2000 筆，測試集的數量有 100 筆。

現在的資料集還是文字資料，使用編碼工具把這些抽象的文字編碼成電腦善於處理的數字，程式如下：

```
# 第 6 章 / 編碼
def f(data):
    return tokenizer.batch_encode_plus(data['text'], truncation=True)
dataset=dataset.map(f,
                    batched=True,
                    batch_size=1000,
                    num_proc=4,
                    remove_columns=['text'])
dataset
```

在這段程式中，使用了批次處理的技巧，能夠加快計算的速度。

（1）參數 batched=True：表示使用批次處理來處理資料，而非一筆一筆地處理。

（2）參數 batch_size=1000：表示每個批次中有 1000 筆資料。

（3）參數 num_proc=4：表示使用 4 個執行緒操作。

（4）參數 remove_columns=['text']：表示映射結束後刪除資料集中的 text 欄位。

執行結果如下：

```
DatasetDict({
    train: Dataset({
        features: ['label', 'input_ids', 'token_type_ids', 'attention_mask'],
        num_rows: 2000
    })
    validation: Dataset({
        features: ['text', 'label'],
        num_rows: 0
    })
    test: Dataset({
        features: ['label', 'input_ids', 'token_type_ids', 'attention_mask'],
        num_rows: 100
    })
})
```

可以看到，原本資料集中的 text 欄位已經被移除，但多了 input_ids、token_type_ids、attention_mask 欄位，這些欄位是編碼工具編碼的結果，這和前面觀察到的編碼器試算的結果一致。

　　由於模型對句子的長度有限制，不能處理長度超過 512 個詞的句子，所以需
要把資料集中長度超過 512 個詞的句子過濾掉，程式如下：

```
# 第 6 章 / 移除太長的句子
def f(data):
    return [len(i)<=512 for i in data['input_ids']]
dataset=dataset.filter(f, batched=True, batch_size=1000, num_proc=4)
dataset
```

　　此處依然使用了批次處理的技巧來加快計算，各參數的意義和之前編碼時的
意義相同，執行結果如下：

```
DatasetDict({
    train: Dataset({
        features: ['label', 'input_ids', 'token_type_ids', 'attention_mask'],
        num_rows: 1973
    })
    validation: Dataset({
        features: ['text', 'label'],
        num_rows: 0
    })
    test: Dataset({
        features: ['label', 'input_ids', 'token_type_ids', 'attention_mask'],
        num_rows: 100
    })
})
```

　　可以看到，訓練集中有 7 筆資料被移除，而測試集中沒有被移除資料。

------

**注意**：對於資料長度超過模型限制有很多處理方法，此處只演示了最簡單的丟棄
法。也可以把超出長度的部分截斷，留下符合模型長度要求的資料，截斷資料時可
以截斷資料的尾部，也可以截斷資料的頭部，當截斷資料時，編碼結果中的 input_
ids、token_type_ids、attention_mask 要一起截斷，因為它們是一一對應的關係。

------

## 6.2.2 定義模型和訓練工具

### 1. 載入預訓練模型

　　資料集準備現在就可以載入要再訓練的模型了，程式如下：

```
# 第 6 章 / 載入模型
from transformers import AutoModelForSequenceClassification
import torch
model=AutoModelForSequenceClassification.from_pretrained('hfl/rbt3', num_labels=2)
# 統計模型參數量
sum([i.nelement() for i in model.parameters()]) / 10000
```

如前所述，此處載入的模型應該和編碼工具配對使用，所以此處載入的模型為 hfl/rbt3 模型，該模型由哈爾濱工業大學訊飛聯合實驗室（HFL）分享到 HuggingFace 模型庫，這是一個基於中文文字資料訓練的 BERT 模型。後續將使用準備好的資料集對該模型進行再訓練，在程式的最後一行統計了該模型的參數量，以大致衡量一個模型的規模大小。該模型的參數量約為 3800 萬個，這是一個較小的模型。

載入了模型之後，不妨對模型進行一次試算，以觀察模型的輸出，程式如下：

```
# 第 6 章 / 模型試算
# 模擬一批資料
data = {
    'input_ids': torch.ones(4, 10, dtype=torch.long),
    'token_type_ids': torch.ones(4, 10, dtype=torch.long),
    'attention_mask': torch.ones(4, 10, dtype=torch.long),
    'labels': torch.ones(4, dtype=torch.long)
}
# 模型試算
out = model(**data)
out['loss'], out['logits'].shape
```

這裡模擬了一個批次的資料對模型進行試算，執行結果如下：

```
(tensor(0.3597, grad_fn=<NllLossBackward0>), torch.Size([4, 2]))
```

模型的輸出主要包括兩部分，一部分是 loss，另一部分是 logits。對於不同的模型，輸出的內容也會不一樣，但一般會包括 loss，所以在使用 HuggingFace 模型時不需要自行計算 loss，而是由模型自行封裝，這方便了模型的再訓練。

## 2. 定義評價函式

為了便於在訓練過程中觀察模型的性能變化，需要定義一個評價指標函式。對於情感分類任務往往關注正確率指標，所以此處載入正確率評價函式，程式如下：

```
# 第 6 章 / 載入評價指標
from datasets import load_metric
metric = load_metric('accuracy')
```

由於模型計算的輸出和評價指標要求的輸入還有差別，所以需要定義一個轉
換函式，把模型計算的輸出轉換成評價指標可以計算的資料型態，這個函式就是
在訓練過程中真正要用到的評價函式，程式如下：

```
# 第 6 章 / 定義評價函式
import numpy as np
from transformers.trainer_utils import EvalPrediction
def compute_metrics(eval_pred):
    logits, labels = eval_pred
    logits = logits.argmax(axis=1)
    return metric.compute(predictions=logits, references=labels)
# 類比輸出
eval_pred = EvalPrediction(
    predictions=np.array([[0, 1], [2, 3], [4, 5], [6, 7]]),
    label_ids=np.array([1, 1, 0, 1]),
)
compute_metrics(eval_pred)
```

在這段程式中，不僅定義了評價函式，還對該函式進行了試算，執行結果如
下：

```
{'accuracy': 0.75}
```

可見這個評價指標計算的輸出為正確率，在訓練的過程中可以觀察到模型的
正確率變化。

### 3. 定義訓練超參數

在開始訓練之前，需要定義好超參數，HuggingFace 使用 TrainingArguments
物件來封裝超參數，程式如下：

```
# 第 6 章 / 定義訓練參數
from transformers import TrainingArguments
# 定義訓練參數
args = TrainingArguments(
    # 定義臨時資料儲存路徑
    output_dir='./output_dir',
    # 定義測試執行的策略，參數為 no、epoch、steps
```

```
        evaluation_strategy='steps',
        # 定義每隔多少個 step 執行一次測試
        eval_steps=30,
        # 定義模型儲存策略，參數為 no、epoch、steps
        save_strategy='steps',
        # 定義每隔多少個 step 儲存一次
        save_steps=30,
        # 定義共訓練幾個輪次
        num_train_epochs=1,
        # 定義學習率
        learning_rate=1e-4,
        # 加入參數權重衰減，防止過擬合
        weight_decay=1e-2,
        # 定義測試和訓練時的批次大小
        per_device_eval_batch_size=16,
        per_device_train_batch_size=16,
        # 定義是否要使用 GPU 訓練
        no_CUDA=True,
)
```

　　TrainingArguments 物件中可以封裝的超參數很多，但除了 output_dir 之外其他的超參數均有預設值，在上面的範例程式中只列舉出了常用的參數，對於初學者建議從這些簡單的參數開始偵錯，完整的參數列表可參照 HuggingFace 官方文件。

## 4.　定義訓練器

　　完成了上面的準備工作，現在可以定義訓練器，程式如下：

```
# 第 6 章 / 定義訓練器
from transformers import Trainer
from transformers.data.data_collator import DataCollatorWithPadding
# 定義訓練器
trainer = Trainer(
    model=model,
    args=args,
    train_dataset=dataset['train'],
    eval_dataset=dataset['test'],
    compute_metrics=compute_metrics,
    data_collator=DataCollatorWithPadding(tokenizer),
)
```

　　定義訓練器時需要傳遞要訓練的模型、超參數物件、訓練和驗證資料集、評價函式，以及資料整理函式。

## 5. 資料整理函式介紹

　　資料整理函式使用了由 HuggingFace 提供的 DataCollatorWithPadding 物件，它能把一個批次中長短不一的句子補充成統一的長度，長度取決於這個批次中最長的句子有多長，所有資料的長度一致後即可轉換成矩陣，模型期待的資料型態也是矩陣，所以經過資料整理函式的處理之後，資料即被整理成模型可以直接計算的矩陣格式。可以透過下面的例子驗證，程式如下：

```
# 第 6 章 / 測試資料整理函式
data_collator = DataCollatorWithPadding(tokenizer)
# 獲取一批資料
data = dataset['train'][:5]
# 輸出這些句子的長度
for i in data['input_ids']:
    print(len(i))
# 呼叫資料整理函式
data = data_collator(data)
# 查看整理後的資料
for k, v in data.items():
    print(k, v.shape)
```

　　執行結果如下：

```
62
34
185
101
40
input_ids torch.Size([5, 185])
token_type_ids torch.Size([5, 185])
attention_mask torch.Size([5, 185])
labels torch.Size([5])
```

　　在這段程式中，首先初始化了一個 DataCollatorWithPadding 物件作為資料整理函式，然後從訓練集中獲取了 5 筆資料作為一批資料，從輸出可以看出這些句子有長有短，之後使用資料整理函式處理這批資料，得到的結果再輸出形狀，可以看到這些資料已經被整理成統一的長度，長度取決於這批句子中最長的句子，並且被轉為矩陣形式。

　　透過以下程式可以查看資料整理函式是如何對句子進行補長的，程式如下：

```
tokenizer.decode(data['input_ids'][0])
```

執行結果如下：

```
'[CLS] 1. 綜合配置不錯；2 鍵盤觸控板手感不錯；3. 液晶螢幕看電影的效果不錯，就是上下可
角度小了；4. 品質輕便，因為是全塑膠的外殼 [SEP] [PAD] [PAD] [PAD] [PAD] [PAD] [PAD]
[PAD] [PAD] [PAD] [PAD] [PAD] [PAD] [PAD] [PAD] [PAD] [PAD] [PAD] [PAD] [PAD]
[PAD] [PAD] [PAD] [PAD] [PAD] [PAD] [PAD] [PAD] [PAD] [PAD] [PAD] [PAD] [PAD]
[PAD] [PAD] [PAD] [PAD] [PAD] [PAD] [PAD] [PAD] [PAD] [PAD] [PAD] [PAD] [PAD]
[PAD] [PAD] [PAD] [PAD] [PAD] [PAD] [PAD] [PAD] [PAD] [PAD] [PAD] [PAD] [PAD]
[PAD] [PAD] [PAD] [PAD] [PAD] [PAD] [PAD] [PAD] [PAD] [PAD] [PAD] [PAD] [PAD]
[PAD] [PAD] [PAD] [PAD] [PAD] [PAD] [PAD] [PAD] [PAD] [PAD] [PAD] [PAD] [PAD]
[PAD] [PAD] [PAD] [PAD] [PAD] [PAD] [PAD] [PAD] [PAD] [PAD] [PAD] [PAD] [PAD]
[PAD] [PAD] [PAD] [PAD] [PAD] [PAD] [PAD] [PAD] [PAD] [PAD] [PAD] [PAD] [PAD]
[PAD] [PAD] [PAD] [PAD] [PAD] [PAD] [PAD] [PAD] [PAD] [PAD] [PAD] [PAD]'
```

可以看到，資料整理函式是透過對句子的尾部補充 PAD 來對句子補長的。

## 6.2.3　訓練和測試

### 1.　訓練模型

在開始訓練之前，不妨直接對模型進行一次測試，先定下訓練前的基準，在訓練結束後再對比這裡得到的基準，以驗證訓練的有效性，程式如下：

```
# 評價模型
trainer.evaluate()
```

執行結果如下：

```
{'eval_loss': 0.8067871928215027,
 'eval_accuracy': 0.48484848484848486,
 'eval_runtime': 12.1022,
 'eval_samples_per_second': 8.18,
 'eval_steps_per_second': 0.578}
```

可見模型在訓練之前，有 48% 的正確率。由於使用的訓練集為二分類資料集，所以 48% 的正確率近乎於瞎猜。這符合預期，因為模型還沒有訓練，接下來對模型進行訓練，期待它能超過此處得到的成績。

對模型進行訓練，程式如下：

```
# 第 6 章 / 訓練
trainer.train()
```

執行訓練，會輸出以下日誌資訊：

```
***** Running training *****
  Num examples = 1979
  Num Epochs = 1
  Instantaneous batch size per device = 16
  Total train batch size (w. parallel, distributed & accumulation) = 16
  Gradient Accumulation steps = 1
  Total optimization steps = 124
```

從該日誌中的 Total optimization steps = 124 可知，本次訓練共有 124 個
steps，由於定義超參數時指定了每 30 個 steps 執行一次測試，並儲存模型參數，
所以當訓練結束時，期待有 4 次測試的結果，並且有 4 個儲存的模型參數。

訓練的時間取決於運算資源的大小，使用一顆 Intel 酷睿 10 代 i5 訓練的時間
約 20min，在訓練的過程中會逐步輸出一張表格以便於觀察各項指標，內容見表
6-1。

▼ 表 6-1 訊息格式

| Step | Training Loss | Validation Loss | Accuracy |
|------|---------------|-----------------|----------|
| 30 | No log | 0.345352 | 0.880000 |
| 60 | No log | 0.234312 | 0.910000 |
| 90 | No log | 0.204630 | 0.920000 |
| 120 | No log | 0.199404 | 0.940000 |

觀察該表，由於在超參數中設定了每 30 個 steps 執行一次測試，而每次測試
產生一次測試結果，表現在表格中為一行資料，由於在本次訓練任務中共有 124
個 steps，會執行 4 次測試，所以這張表有 4 行資料。下面對表格各列的內容分別
介紹。

（1）列 Step：表示測試執行時的 steps。

（2）列 Training Loss：表示訓練 loss，在本次任務中未記錄。

（3）列 Validation Loss：表示在驗證集上測試得出的 loss。

（4）列 Accuracy：表示在驗證集上測試得出的正確率，也就是評價函式計
算的輸出。

理解了表格內容之後，可以觀察到隨著訓練步數的增多，正確率在不斷上升，當訓練到 120 步時，已經達到了 94% 的正確率，這相比訓練前得到的正確率 48% 有了很大提升，證明訓練是有效的。

由於在超參數設置了每 30 個 steps 儲存一次模型參數，所以可到設定的 output_dir 資料夾檢查模型參數是否已經儲存。

在 output_dir 資料夾中可以找到 4 個資料夾，即 checkpoint-30、checkpoint-60、checkpoint-90、checkpoint-120，分別是對應步數儲存的檢查點，每個資料夾中都有一個 PyTorch_model.bin 檔案，這個檔案就是模型的參數。

如果在訓練的過程中由於各種原因導致訓練中斷，或希望從某個檢查點重新訓練模型，則可以使用訓練器的 train() 函式的 resume_from_checkpoint 參數設定檢查點，從該檢查點重新訓練，程式如下：

```
# 第 6 章 / 從某個存檔檔案繼續訓練
trainer.train(resume_from_checkpoint='./output_dir/checkpoint-90')
```

繼續訓練和從頭訓練的輸出是一致的，只是繼續訓練會跳過前 90 個 steps，所以上面的程式只會訓練 124–90=34 個 steps，繼續訓練同樣會儲存檢查點，所以上面的程式會覆蓋檢查點 checkpoint-120。

在訓練結束後，不妨再執行一次測試，以測試模型的性能，程式如下：

```
# 第 6 章 / 評價模型
trainer.evaluate()
```

執行結果如下：

```
{'eval_loss': 0.1946406215429306,
 'eval_accuracy': 0.94,
 'eval_runtime': 12.1149,
 'eval_samples_per_second': 8.254,
 'eval_steps_per_second': 0.578,
 'epoch': 1.0}
```

可以看到，模型最終的性能為正確率 94%。從訓練過程的表格來看，模型顯然還能繼續進步，還沒有達到收斂，但本章的主題為介紹訓練器的使用方法，所以達到該成績已經足夠。讀者可以自行加強訓練力度，包括增加資料量和增加訓練輪數，以此讓模型達到更好的性能。

## 2. 模型的儲存和載入

訓練得到滿意的模型之後，可以手動將該模型的參數儲存到磁碟上，以備以後需要時載入，程式如下：

```
# 第 6 章 / 手動儲存模型參數
trainer.save_model(output_dir='./output_dir/save_model')
```

載入模型參數的方法如下：

```
# 第 6 章 / 手動載入模型參數
import torch
model.load_state_dict(torch.load('./output_dir/save_model/PyTorch_model.bin'))
```

## 3. 使用模型預測

最後介紹使用模型進行預測的方法，程式如下：

```
# 第 6 章 / 測試
model.eval()
for i, data in enumerate(trainer.get_eval_dataloader()):
    break
out = model(**data)
out = out['logits'].argmax(dim=1)
for i in range(8):
    print(tokenizer.decode(data['input_ids'][i], skip_special_tokens =True))
    print('label=', data['labels'][i].item())
    print('predict=', out[i].item())
```

在這段程式中，首先把模型切換到執行模式，然後從測試資料集中獲取 1 個批次的資料用於預測，之後把這批資料登錄模型進行計算，得出的結果即為模型預測的結果，最後輸出前 4 句的結果，並與真實的 label 進行比較，執行結果如下：

> 剛剛入住時發現房間的地毯和椅子都是濕的，打電話詢問時前臺只是說明了為什麼椅子和地毯會是濕的，一點歉意都沒感覺到。結果只給換了兩把椅子，實在有些讓人不高興。離五星級服務還有距離。
> ```
> label=0
> predict=0
> ```
> 服務好，結帳快，門口有好多計程車。最重要的，早餐真好。單人間價格合理，但標準間一個人住不太合適。
> ```
> label=1
> predict=1
> ```
> 雖然只是剛剛開始閱讀，但是已經給我帶來很多思想衝擊了。一邊讀書一邊實踐，突然發現和兒子溝通更暢通了！透過閱讀此書，才發現自己有時對孩子是一種強迫的愛，扼殺的愛，剝奪的愛！原來他們的小小世界裡，有他們自己的思維！幫助、教育和關愛孩子，是有很多技巧的！當然了，尊重是第 1 位的。這是一

套非常不錯的書，但是書中有許多研究性詞彙，要真正理解還是需要多讀才行的！尚未讀完，拙見！

```
label=1
predict=1
```

這個價格，算 C/P 值很高的酒店了。當然價格便宜，就不能太計較服務了。整體來講是一個願意再次入住的酒店。

```
label=1
predict=1
```

這次入住發現在服務上下了工夫。例如在走道和洗手間放了報紙。餐廳早餐自助餐服務和電梯服務都很周到。其實賓館服務硬體不一定要很豪華，但要真心對待客人，希望堅持。

```
label=1
predict=1
```

服務態度有待提高，到貨晚了兩天，贈送的包款式還錯了，14 寸的筆記型電腦送了 13 寸的包，我猜測有人 13 寸的筆記型電腦拿了 14 寸的包。客服電話難打通，服務效率很低。

```
label=0
predict=0
```

這本書是我 2008 年所讀的書中，較有收穫的之一。書中的一些觀點打破了我的舊有觀念。作者將二十歲年齡段裡出現的迷惑進行了一定的觀點解答。值得處於這個年齡段的女孩看一看。

```
label=0
predict=1
```

做工好，中部滾軸的呼吸燈和懸浮式鍵盤是亮點。C/P 值在筆記型電腦中很好。

```
label=1
predict=1
```

從測試結果可以看到一些錯誤，但大部分的預測是正確的。

## 6.3　小結

本章透過一個情感分類任務講解了 HuggingFace 訓練工具的使用方法，介紹了一般的資料集處理方法，在訓練過程中結合評價函式觀察模型的性能變化，並且介紹了模型的儲存和載入及預測的方法。

# 中文專案實戰篇

# 第 7 章

# 實戰任務 1：
# 中文情感分類

## 7.1 任務簡介

分類任務是大多數機器學習任務中最基礎的，對於自然語言處理也不例外。本章將講解一個情感分類的自然語言處理任務。

## 7.2 資料集介紹

本章所使用的資料集依然是 ChnSentiCorp 資料集，這是一個情感分類資料集，每筆資料中包括一句購物評價，以及一個標識，表示這筆評價是一筆好評還是一筆負評。在 ChnSentiCorp 資料集中，被評價的商品包括書籍、酒店、電腦配件等。對於人類來講，即使不給予標識，也能透過評價內容大致判斷出這是一筆好評還是一筆負評；對於神經網路，也將透過這個任務來驗證它的有效性。

ChnSentiCorp 資料集中的部分資料樣例見表 7-1，透過該表讀者可對 ChnSentiCorp 資料集有直觀的認識。

▼ 表 7-1　ChnSentiCorp 資料集資料樣例

| 評　價 | 標　識 |
|---|---|
| 整體外形比照片好看很多，外殼也有防指紋的設計，發熱量也可接受。 | 好評 |
| 距離川沙公路較近，但是公共汽車指示不對。建議用別的路線。房間較為簡單。 | 好評 |
| 我喜歡這個酒店，因為那裡有笑容！因為方便！因為價格合理！還有登州路 56 號的青島啤酒！到蕪湖，經常因為倉促而訂不到國信。一大憾事！ | 好評 |
| 除了地理位置很好之外，服務差，房間味道大，隔音效果差，早餐簡直無法下箸，另外，服務生經常拒絕客人使用信用卡！ | 負評 |
| 輕便，方便攜帶，性能也不錯，能滿足平時的工作需要，對出差人員來講非常不錯。 | 好評 |

（續表）

| 評 價 | 標 識 |
|---|---|
| 很好的地理位置，一塌糊塗的服務，蕭條的酒店。 | 負評 |
| 非常不滿意，房間裡有很大的黴味，勉強住了一晚，第二天一大早就趕緊離開了。 | 負評 |
| 非常不錯，服務很好，位於市中心區，交通方便，不過價格也高！ | 好評 |
| 還不錯，可以住一下，並且建議住高樓層的房間。 | 好評 |

## 7.3 模型架構

在 BERT、GPT、Transformers 模型被提出之前，被廣泛使用的自然語言處理網路結構是 RNN。RNN 的主要功能是能把自然語言的句子取出成特徵向量，有了特徵向量之後再連線全連接神經網路做分類或回歸就水到渠成了。從這個角度來講，RNN 把一個自然語言處理的任務轉換成了全連接神經網路任務。對於類似於 RNN 這樣能夠把抽象資料型態轉換成具體的特徵向量的網路層，被統稱為 backbone，中文一般譯為特徵取出層。

自從 BERT、GPT、Transformers 模型被提出之後，它們被廣泛應用於任務中的 backbone 層，也就是特徵取出層，在本章的情感分類任務中也將使用 BERT 中文模型作為 backbone 層。

相對於 backbone 的網路，後續的處理神經網路被稱為下游任務模型，它往往會對 backbone 輸出的特徵向量進行再計算，得到業務上需要的計算結果，這往往是分類或回歸的結果。整合 backbone 和下游任務模型的架構如圖 7-1 所示。

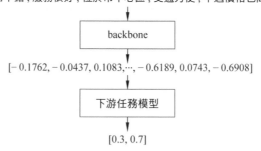

▲ 圖 7-1　使用 backbone 的網路計算過程

從圖 7-1 可以看出，網路的計算過程是先把一句自然語言輸入 backbone 網路中進行特徵取出，特徵是一個向量，再把特徵向量輸入下游任務模型中進行計算，得出最終業務需要的結果。

對於應用了預訓練的 backbone 的網路，訓練時可以選擇繼續訓練 backbone 層，也可以不訓練 backbone 層，因為 backbone 的參數量往往非常巨大。如果要對 backbone 進行再訓練，則往往會消耗掉更多的運算資源；如果不對 backbone 進行再訓練而模型的性能已經達到業務需求，也可以選擇節省這些運算資源，在本章中將演示這種訓練方法。

# 7.4　實現程式

## 7.4.1　準備資料集

### 1. 使用編碼工具

首先需要載入編碼工具，編碼工具能夠把抽象的文字轉換成數字，便於神經網路的後續處理，程式如下：

```
# 第 7 章 / 載入編碼工具
from transformers import BertTokenizer
token = BertTokenizer.from_pretrained('bert-base-chinese')
token
```

這裡載入的編碼工具為 bert-base-chinese，編碼工具和預訓練模型往往是成對使用的，後續將使用名稱相同的預訓練模型作為 backbone，執行結果如下：

```
PreTrainedTokenizer(name_or_path='bert-base-chinese', vocab_size=21128,
model_max_len=512, is_fast=False, padding_side='right', truncation_side='right',
special_tokens={'unk_token': '[UNK]', 'sep_token': '[SEP]',
'pad_token': '[PAD]', 'cls_token': '[CLS]', 'mask_token': '[MASK]'})
```

從輸出可以看出，bert-base-chinese 模型的字典中有 21128 個詞，編碼器編碼句子的最大長度為 512 個詞，並且能看到 bert-base-chinese 模型所使用的一些特殊符號。

載入編碼工具之後，不妨進行一次試算，以便更清晰地觀察到編碼工具的輸入和輸出，程式如下：

```
# 第 7 章 / 試編碼句子
out = token.batch_encode_plus(
    batch_text_or_text_pairs=['從明天起，做一個幸福的人。', '餵馬，劈柴，周遊世界。'],
    truncation=True,
    padding='max_length',
    max_length=17,
    return_tensors='pt',
    return_length=True)
# 查看編碼輸出
for k, v in out.items():
    print(k, v.shape)
# 把編碼還原為句子
print(token.decode(out['input_ids'][0]))
```

在這段程式中，讓編碼工具試編碼了兩個句子，編碼工具工作的方法和編碼時各個參數的含義已在「編碼工具」一章有詳細解釋，此處不再贅述，如果讀者對這部分的內容不理解，則可參考「編碼工具」一章。

從上面的程式中的參數 max_length=17 的說明可以看出，經過編碼之後的句子一定是確定的 17 個詞的長度。如果超出，則會被截斷；如果不足，則會被補充 PAD。執行結果如下：

```
input_ids torch.Size([2, 17])
token_type_ids torch.Size([2, 17])
length torch.Size([2])
attention_mask torch.Size([2, 17])
[CLS] 從 明 天 起 ， 做 一 個 幸 福 的 人 。 [SEP] [PAD] [PAD]
```

可以看到，編碼的結果確實都是確定的長度，即參數中 max_length=17 個詞的長度。編碼結果見表 7-2。

▼ 表 7-2 編碼結果示意

| 句子 | [CLS] | 從 | 明 | 天 | 起 | ， | 做 | 一 | 個 | 幸 | 福 | 的 | 人 | 。 | [SEP] | [PAD] | [PAD] |
|---|---|---|---|---|---|---|---|---|---|---|---|---|---|---|---|---|---|
| input _ ids | 101 | 794 | 3209 | 1921 | 6629 | 8024 | 976 | 671 | 702 | 2401 | 4886 | 4638 | 782 | 511 | 102 | 0 | 0 |
| token _ type _ ids | 0 | 0 | 0 | 0 | 0 | 0 | 0 | 0 | 0 | 0 | 0 | 0 | 0 | 0 | 0 | 0 | 0 |
| attention _ mask | 1 | 1 | 1 | 1 | 1 | 1 | 1 | 1 | 1 | 1 | 1 | 1 | 1 | 1 | 1 | 0 | 0 |

從表 7-2 可以看出，編碼工具首先對原句子進行了分詞，把一筆完整的句子切割成了一個一個的詞，對於不同的編碼工具，分詞的結果不一定一致。在 bert-base-chinese 這個具體的編碼工具中，則是以字為詞，即把每個字都作為一個詞進行處理。

這些編碼的結果對於預訓練模型的計算十分重要，後續將使用編碼器把所有的句子編碼，便於輸入預訓練模型進行計算。

## 2. 定義資料集

本次任務為情感分類任務，所以需要一個情感分類資料集進行模型的訓練和測試，此處載入 ChnSentiCorp 資料集，程式如下：

```
# 第 7 章 / 定義資料集
import torch
from datasets import load_from_disk
class Dataset(torch.utils.data.Dataset):
    def __init__(self, split):
        self.dataset = load_from_disk('./data/ChnSentiCorp')[split]
    def __len__(self):
        return len(self.dataset)
    def __getitem__(self, i):
        text = self.dataset[i]['text']
        label = self.dataset[i]['label']
        return text, label
dataset = Dataset('train')
len(dataset), dataset[20]
```

在這段程式中，載入了 ChnSentiCorp 資料集，並使用 PyTorch 的 Dataset 物件進行封裝，在 __getitem__() 函式中定義了每筆資料，包括 text 和 label 兩個欄位，最後初始化訓練資料集，並查看訓練資料集的長度和一筆資料樣例。執行結果如下：

```
(9600, (' 非常不錯，服務很好，位於市中心區，交通方便，不過價格也高！', 1))
```

可見訓練資料集包括 9600 筆資料，每筆資料包括一筆評論文字和一個標識，表示這是一筆好評還是負評。值得注意的是，此處的資料依然是文字資料，還沒有被編碼器編碼。

### 3. 定義計算裝置

對於大多數的神經網路計算來講，在 CUDA 計算平臺上進行計算比在 CPU 上要快。由於本章使用 PyTorch 框架進行計算，而 PyTorch 支持使用 NVIDIA 的 CUDA 計算平臺，所以如果環境中存在 CUDA 計算裝置，則可使用 CUDA 計算裝置進行計算，這可以極大地加速模型的訓練和測試過程。程式如下：

```
# 第 7 章 / 定義計算裝置
device = 'cpu'
if torch.cuda.is_available():
    device = 'CUDA'
device
```

這段程式判斷了環境中是否存在支持 CUDA 的計算裝置，這可能是一顆 GPU，也可能是一顆 TPU，如果沒有找到任何 CUDA 裝置，則使用 CPU 進行計算，執行結果如下：

```
'CUDA'
```

很幸運，在筆者的環境中存在 CUDA 裝置，所以可以使用該裝置加速訓練的過程，如果讀者的環境中沒有該裝置也不用擔心，使用 CPU 也可以計算，只是時間可能稍長。

### 4. 定義資料整理函式

之前在定義資料集時可以看到，資料集中的每筆資料依然是抽象的文字資料，還沒有經過編碼工具的編碼，而預訓練模型需要編碼之後的資料才能計算，所以需要一個把文字句子編碼的過程。

另一方面，在訓練模型時資料集往往很大，如果一筆一筆地處理效率太低，現實中往往一批一批地處理資料，能夠更快速地處理資料，同時從梯度下降角度來講，批資料的梯度方差小（相對於一筆資料來講），能讓模型更穩定地更新參數。

綜上所述，需要定義一個資料整理函式，它具有批次編碼一批文字資料的功能。程式如下：

```
# 第 7 章 / 資料整理函式
```

```
def collate_fn(data):
    sents = [i[0] for i in data]
    labels = [i[1] for i in data]
    # 編碼
    data = token.batch_encode_plus(batch_text_or_text_pairs=sents,
                                   truncation=True,
                                   padding='max_length',
                                   max_length=500,
                                   return_tensors='pt',
                                   return_length=True)
    #input_ids: 編碼之後的數字
    #attention_mask: 補零的位置是 0, 其他位置是 1
    input_ids = data['input_ids']
    attention_mask = data['attention_mask']
    token_type_ids = data['token_type_ids']
    labels = torch.LongTensor(labels)
    # 把資料移動到計算裝置上
    input_ids = input_ids.to(device)
    attention_mask = attention_mask.to(device)
    token_type_ids = token_type_ids.to(device)
    labels = labels.to(device)
    return input_ids, attention_mask, token_type_ids, labels
```

在這段程式中，傳入參數的 data 表示一批資料，取出其中的句子和標識，分別為兩個 list，程式中命名為 sents 和 labels。

使用編碼工具編碼這一批句子，在參數中將編碼後的結果指定為確定的 500 個詞，超過 500 個詞的句子將被截斷，而不足 500 個詞的句子將被補充 PAD，直到 500 個詞。

在編碼時，透過參數 return_tensors='pt' 讓編碼的結果為 PyTorch 的 Tensor 格式，這免去了後續轉換資料格式的麻煩。

之後取出編碼的結果，並把 labels 也轉為 PyTorch 的 Tensor 格式，再把它們都移動到之前定義好的計算裝置上，最後把這些資料全部傳回，至此資料整理函式的工作完畢。

定義好了資料整理函式，不妨假定一批資料，讓資料整理函式進行試算，以觀察資料整理函式的輸入和輸出，程式如下：

```
# 第 7 章 / 資料整理函式試算
# 模擬一批資料
data = [
    (' 你站在橋上看風景 ', 1),
```

```
        (' 看風景的人在樓上看你 ', 0),
        (' 明月裝飾了你的窗子 ', 1),
        (' 你裝飾了別人的夢 ', 0),
]
# 試算
input_ids, attention_mask, token_type_ids, labels = collate_fn(data)
input_ids.shape, attention_mask.shape, token_type_ids.shape, labels
```

在這段程式中先虛擬了一批資料，這批資料中包括 4 個句子，輸入資料整理函式後，執行結果如下：

```
(torch.Size([4, 500]),
 torch.Size([4, 500]),
 torch.Size([4, 500]),
 tensor([1, 0, 1, 0], device='CUDA:0'))
```

可見編碼之後的結果都是確定的 500 個詞，並且每個結果都被移動到可用的計算裝置上，這方便了後續的計算。

## 5. 定義資料集載入器

定義了資料集和資料整理函式之後，可以定義資料集載入器，它能使用資料整理函式來成批地處理資料集中的資料，程式如下：

```
# 第 7 章 / 資料集載入器
loader = torch.utils.data.DataLoader(dataset=dataset,
                                     batch_size=16,
                                     collate_fn=collate_fn,
                                     shuffle=True,
                                     drop_last=True)
len(loader)
```

在這段程式中，使用 PyTorch 提供的工具類別定義資料集載入器，下面對資料集載入器的各個參數說明。

（1）參數 dataset=dataset：表示要載入的資料集，此處使用了之前定義好的訓練資料集，所以此處的載入器為訓練資料集載入器，區別於測試資料集載入器。

（2）參數 batch_size=16：表示每個批次中包括 16 筆資料。

（3）參數 collate_fn=collate_fn：表示要使用的資料整理函式，這裡使用了之前定義好的資料整理函式。

（4）參數 shuffle=True：表示打亂各個批次之間的順序，讓資料更加隨機。

（5）參數 drop_last=True：表示當剩餘的資料不足 16 筆時，丟棄這些尾數。

在程式的最後還輸出了這個載入器一共有多少個批次，執行結果如下：

```
600
```

可見訓練資料集載入器一共有 600 個批次。

定義好了資料集載入器之後，可以查看一批資料樣例，程式如下：

```
#第 7 章 / 查看資料樣例
for i, (input_ids, attention_mask, token_type_ids,
        labels) in enumerate(loader):
    break
input_ids.shape, attention_mask.shape, token_type_ids.shape, labels
```

執行結果如下：

```
(torch.Size([16, 500]),
 torch.Size([16, 500]),
 torch.Size([16, 500]),
 tensor([0, 0, 1, 0, 0, 0, 1, 1, 0, 0, 1, 1, 0, 1, 1, 1], device='CUDA:0'))
```

這個結果其實就是資料整理函式的計算結果，只是句子的數量更多。

## 7.4.2　定義模型

### 1.　載入預訓練模型

完成以上準備工作，現在資料的結構已經準備好，可以輸入模型進行計算了，即可以載入預訓練模型了，程式如下：

```
#第 7 章 / 載入預訓練模型
from transformers import BertModel
pretrained = BertModel.from_pretrained('bert-base-chinese')
# 統計參數量
sum(i.numel() for i in pretrained.parameters()) / 10000
```

此處載入的模型為 bert-base-chinese 模型，和編碼工具的名稱一致，注意模型和其編碼工具往往搭配使用。對於本章中的中文情感分類任務而言，這個模型不是唯一的選擇，如果想試試其他的模型，則應選擇一個支援中文的模型。

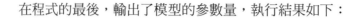

在程式的最後，輸出了模型的參數量，執行結果如下：

```
10226.7648
```

可見 bert-base-chinese 模型的參數量約為 1 億個。這個模型的規模是比較大的。

由於 bert-base-chinese 模型的規模較大，如果要訓練它，對運算資源的要求較高，而對於本次的任務（二分類任務）來講，則可以選擇不訓練它，只是作為一個特徵提取器。這樣便避免了訓練這個笨重的模型，節約了計算的資源和時間，而要做到這一點，需要凍結 bert-base-chinese 模型的參數，不計算它的梯度，進而不更新它的參數，程式如下：

```
# 第 7 章 / 不訓練預訓練模型，不需要計算梯度
for param in pretrained.parameters():
    param.requires_grad_(False)
```

透過這段程式即可凍結 bert-base-chinese 模型的參數。

定義好預訓練模型之後，可以進行一次試算，觀察模型的輸入和輸出，程式如下：

```
# 第 7 章 / 預訓練模型試算
# 設定計算裝置
pretrained.to(device)
# 模型試算
out = pretrained(input_ids=input_ids,
                 attention_mask=attention_mask,
                 token_type_ids=token_type_ids)
out.last_hidden_state.shape
```

在這段程式中，首先把預訓練模型移動到計算裝置上，如果模型和資料不在同一個裝置上，則無法計算。對於筆者的執行環境來講，它們都會被移動到一個 CUDA 裝置上。

之後把之前得到的樣例資料登錄預訓練模型中，得到的計算結果為一個 BaseModelOutputWithPoolingAndCrossAttentions 物件，其中包括 last_hidden_state 和 pooler_ output 兩個欄位，此處只關心 last_hidden_state 欄位，取出該欄位並輸出其形狀，執行結果如下：

```
torch.Size([16, 500, 768])
```

　　樣例資料為 16 句話的編碼結果，從預訓練模型的計算結果可以看出，這也是 16 句話的結果，每句話包括 500 個詞，每個詞被抽成一個 768 維的向量。到此為止，透過預訓練模型成功地把 16 句話轉為一個特徵向量矩陣，可以連線下游任務模型做分類或回歸任務。

## 2. 定義下游任務模型

　　完成以上工作，現在可以定義下游任務模型了。下游任務模型的任務是對 backbone 取出的特徵進行進一步計算，得到符合業務需求的計算結果。對於本章的任務來講，需要計算一個二分類的結果，和資料集中真實的 label 保持一致，程式如下：

```
# 第 7 章 / 定義下游任務模型
class Model(torch.nn.Module):
    def __init__(self):
        super().__init__()
        self.fc = torch.nn.Linear(768, 2)
    def forward(self, input_ids, attention_mask, token_type_ids):
        # 使用預訓練模型取出資料特徵
        with torch.no_grad():
            out = pretrained(input_ids=input_ids,
                             attention_mask=attention_mask,
                             token_type_ids=token_type_ids)
        # 對取出的特徵只取第 1 個字的結果做分類即可
        out = self.fc(out.last_hidden_state[:, 0])
        out = out.Softmax(dim=1)
        return out
model = Model()
# 設定計算裝置
model.to(device)
# 試算
model(input_ids=input_ids,
      attention_mask=attention_mask,
      token_type_ids=token_type_ids).shape
```

　　在這段程式中，定義了下游任務模型，該模型只包括一個全連接的線性神經網路，權重矩陣為 768×2，所以它能夠把一個 768 維度的向量轉換到二維空間中。

　　下游任務模型的計算過程為，獲取了一批資料之後，使用 backbone 將這批資料取出成特徵矩陣，取出的特徵矩陣的形狀應該是 $16 \times 500 \times 768$，這在之前預訓練模型的試算中已經看到。這 3 個維度分別代表了 16 句話、500 個詞、768 維度的特徵向量。

之後下游任務模型丟棄了 499 個詞的特徵，只取得第 1 個詞（索引為 0）的特徵向量，對應編碼結果中的 [CLS]，把特徵向量矩陣變成了 $16 \times 768$。相當於把每句話變成了一個 768 維度的向量。

---

**注意**：之所以只取了第 0 個詞的特徵做後續的判斷計算，這和預訓練模型 BERT 的訓練方法有關係，具體可見「手動實現 BERT」章。

---

之後再使用自己的全連接線性神經網路把 $16 \times 768$ 特徵矩陣轉換到 $16 \times 2$，即為要求的二分類結果。

在程式的最後對該模型進行試算，執行結果如下：

```
torch.Size([16, 2])
```

可見，這就是要求的 16 句話的二分類的結果。

## 7.4.3 訓練和測試

### 1. 訓練

模型定義之後，接下來就可以對模型進行訓練了，程式如下：

```
# 第 7 章 / 訓練
from transformers import AdamW
from transformers.optimization import get_scheduler
def train():
    # 定義最佳化器
    optimizer = AdamW(model.parameters(), lr=5e-4)
    # 定義 loss 函式
    criterion = torch.nn.CrossEntropyLoss()
    # 定義學習率調節器
    scheduler = get_scheduler(name='linear',
                              num_warmup_steps=0,
                              num_training_steps=len(loader),
                              optimizer=optimizer)
    # 將模型切換到訓練模式
    model.train()
```

```
# 按批次遍歷訓練集中的資料
for i, (input_ids, attention_mask, token_type_ids,
        labels) in enumerate(loader):
    # 模型計算
    out = model(input_ids=input_ids,
                attention_mask=attention_mask,
                token_type_ids=token_type_ids)
    # 計算 loss 並使用梯度下降法最佳化模型參數
    loss = criterion(out, labels)
    loss.backward()
    optimizer.step()
    scheduler.step()
    optimizer.zero_grad()
    # 輸出各項資料的情況，便於觀察
    if i % 10 == 0:
        out = out.argmax(dim=1)
        accuracy = (out == labels).sum().item() / len(labels)
        lr = optimizer.state_dict()['param_groups'][0]['lr']
        print(i, loss.item(), lr, accuracy)
train()
```

在這段程式中，首先定義了最佳化器、loss 計算函式、學習率調節器，其中最佳化器使用了 HuggingFace 提供的 AdamW 最佳化器，這是傳統的 Adam 最佳化器的改進版本，在自然語言處理任務中，該最佳化器往往能取得比 Adam 最佳化器更好的成績，並且計算效率更高。

學習率調節器也使用了 HuggingFace 提供的線性學習率調節器，它能在訓練的過程中，讓學習率緩慢地下降，而非使用始終如一的學習率，因為在訓練的後期階段，需要更小的學習率來微調參數，這有利於 loss 下降到更低的點。

由於本章的任務為分類任務，所以使用的 loss 計算函式為 CrossEntropyLoss，即交叉熵計算函式。

之後把下游任務模型切換到訓練模式，即可開始訓練。訓練的過程為不斷地從資料集載入器中獲取一批一批的資料，讓模型進行計算，用模型計算的結果和真實的 labels 計算 loss，根據 loss 計算模型中所有參數的梯度，並執行梯度下降最佳化參數。

最後，每最佳化 10 次模型參數，就計算一次當前模型預測結果的正確率，並輸出模型的 loss 和最佳化器的學習率，最終訓練完畢後，輸出的觀察資料見表 7-3。

從表 7-3 可以看出，在訓練到大約 200 個 steps 時，模型已經能夠達到大約 85% 的正確率，並且能夠觀察到 loss 是隨著訓練的處理程序在不斷地下降，學習率也如預期的一樣，也在緩慢地下降。

▼ 表 7-3　訓練過程輸出

| steps | loss | lr | accuracy | steps | loss | lr | accuracy |
|---|---|---|---|---|---|---|---|
| 0 | 0.692693 | 0.000499 | 0.375 | 300 | 0.371254 | 0.000249 | 1 |
| 10 | 0.66144 | 0.000491 | 0.5 | 310 | 0.506346 | 0.000241 | 0.8125 |
| 20 | 0.600358 | 0.000483 | 0.8125 | 320 | 0.478085 | 0.000233 | 0.875 |
| 30 | 0.624581 | 0.000474 | 0.75 | 330 | 0.461335 | 0.000224 | 0.875 |
| 40 | 0.587685 | 0.000466 | 0.75 | 340 | 0.542742 | 0.000216 | 0.75 |
| 50 | 0.535824 | 0.000458 | 0.875 | 350 | 0.744731 | 0.000208 | 0.5 |
| 60 | 0.508649 | 0.000449 | 0.9375 | 360 | 0.490749 | 0.000199 | 0.8125 |
| 70 | 0.605484 | 0.000441 | 0.6875 | 370 | 0.451857 | 0.000191 | 0.9375 |
| 80 | 0.487557 | 0.000433 | 0.875 | 380 | 0.48607 | 0.000183 | 0.8125 |
| 90 | 0.543797 | 0.000424 | 0.75 | 390 | 0.487101 | 0.000174 | 0.8125 |
| 100 | 0.48173 | 0.000416 | 0.9375 | 400 | 0.423381 | 0.000166 | 0.9375 |
| 110 | 0.494665 | 0.000408 | 0.8125 | 410 | 0.417481 | 0.000158 | 0.9375 |
| 120 | 0.480185 | 0.000399 | 0.875 | 420 | 0.429209 | 0.000149 | 0.9375 |
| 130 | 0.533407 | 0.000391 | 0.75 | 430 | 0.471745 | 0.000141 | 0.875 |
| 140 | 0.474239 | 0.000383 | 0.875 | 440 | 0.362026 | 0.000133 | 1 |
| 150 | 0.436282 | 0.000374 | 1 | 450 | 0.390014 | 0.000124 | 0.9375 |
| 160 | 0.447858 | 0.000366 | 0.9375 | 460 | 0.560056 | 0.000116 | 0.75 |
| 170 | 0.43618 | 0.000358 | 0.9375 | 470 | 0.471523 | 0.000108 | 0.8125 |
| 180 | 0.435904 | 0.000349 | 0.9375 | 480 | 0.523185 | 9.92E 05 | 0.75 |
| 190 | 0.487511 | 0.000341 | 0.8125 | 490 | 0.445519 | 9.08E 05 | 0.8125 |
| 200 | 0.455736 | 0.000333 | 0.875 | 500 | 0.43503 | 8.25E 05 | 0.9375 |
| 210 | 0.418851 | 0.000324 | 0.9375 | 510 | 0.469274 | 7.42E 05 | 0.8125 |
| 220 | 0.441036 | 0.000316 | 0.875 | 520 | 0.436347 | 6.58E 05 | 0.875 |
| 230 | 0.436237 | 0.000308 | 0.9375 | 530 | 0.46287 | 5.75E 05 | 0.8125 |
| 240 | 0.4706 | 0.000299 | 0.8125 | 540 | 0.465534 | 4.92E 05 | 0.875 |
| 250 | 0.476766 | 0.000291 | 0.875 | 550 | 0.473686 | 4.08E 05 | 0.875 |

（續表）

| steps | loss | lr | accuracy | steps | loss | lr | accuracy |
|---|---|---|---|---|---|---|---|
| 260 | 0.400807 | 0.000283 | 1 | 560 | 0.38736 | 3.25E 05 | 1 |
| 270 | 0.411993 | 0.000274 | 0.9375 | 570 | 0.575354 | 2.42E 05 | 0.75 |
| 280 | 0.421883 | 0.000266 | 0.9375 | 580 | 0.507916 | 1.58E 05 | 0.6875 |
| 290 | 0.550657 | 0.000258 | 0.8125 | 590 | 0.373453 | 7.50E 06 | 1 |

## 2. 測試

對訓練好的模型進行測試，以驗證訓練的有效性，程式如下：

```
# 第 7 章 / 測試
def test():
    # 定義測試資料集載入器
    loader_test = torch.utils.data.DataLoader(dataset=Dataset('test'),
                                              batch_size=32,
                                              collate_fn=collate_fn,
                                              shuffle=True,
                                              drop_last=True)
    # 將下游任務模型切換到執行模式
    model.eval()
    correct = 0
    total = 0
    # 按批次遍歷測試集中的資料
    for i, (input_ids, attention_mask, token_type_ids,
            labels) in enumerate(loader_test):
        # 計算 5 個批次即可，不需要全部遍歷
        if i == 5:
            break
        print(i)
        # 計算
        with torch.no_grad():
            out = model(input_ids=input_ids,
                        attention_mask=attention_mask,
                        token_type_ids=token_type_ids)
        # 統計正確率
        out = out.argmax(dim=1)
        correct += (out == labels).sum().item()
        total += len(labels)
    print(correct / total)
test()
```

在這段程式中，首先定義了測試資料集和載入器，並取出 5 個批次的資料讓模型進行預測，最後統計正確率並輸出，執行結果如下：

```
0.875
```

最終模型獲得了 87.5% 的正確率，這個正確率雖然不是很高，但驗證了下游任務模型，即使在不訓練 backbone 的情況下也能達到一定的成績，如果這個程式已經能滿足業務要求，則可以免去對 backbone 的訓練。

## 7.5 小結

本章透過一個情感分類的例子講解了使用 BERT 預訓練模型取出文字特徵資料的方法，使用 BERT 作用 backbone，相對於傳統的 RNN 而言計算量會大一些，但 BERT 取出的資訊更完整，更容易被下游任務模型總結出統計規律，所以在使用 BERT 作為 backbone 時可以適當地減少下游任務模型的訓練量。此外，由於使用的 BERT 模型是預訓練的，所以可以不對其進行訓練，這大大節約了計算量，同時也能取得不錯的效果。

# 第 8 章
# 實戰任務 2：
# 中文填空

## 8.1　任務簡介

人類在閱讀一個句子時，即使挖掉句子中的一兩個詞，往往也能根據上下文猜出被挖掉的是什麼詞，這被稱作填空任務，例如以下是一道典型的填空題：

「外觀很漂亮，特別 ＿＿＿ 合女孩子使用。」

人類很容易就能猜出橫線處應該填寫「適」字，這樣才能符合上下文的語義，而人類是透過從小到大每天的聽、說、讀、寫交流獲得這樣的普遍性知識的。自然語言雖然複雜，但卻有著明顯的統計規律，而神經網路最擅長的就是找出統計規律，所以本章將嘗試使用預訓練神經網路完成填空任務。

## 8.2　資料集介紹

本章所使用的資料集依然是 ChnSentiCorp 資料集，這是一個情感分類資料集，每筆資料中包括一句購物評價，以及一個標識，由於本章的任務為填空任務，所以只需文字就可以了，不需要分類標識。

在資料處理的過程中，會把每句話的第 15 個詞挖掉，也就是替換成特殊符號 [MASK]，並且每句話會被截斷成固定的 30 個詞的長度，神經網路的任務就是根據每句話的上下文，把第 15 個詞預測出來。

本次任務的部分資料樣例見表 8-1，透過該表讀者可對本次任務資料集有直觀的認識。

▼ 表 8-1　ChnSentiCorp 資料集資料樣例

| 文　　字 | 答　案 |
|---|---|
| 外觀很漂亮，特別適合女孩子使 [MASK]，買粉色送給老婆的，她看了…… | 用 |
| 我家小朋友說兩隻小老鼠好可愛 [MASK]，她非常喜歡看，就因為看了…… | 哦 |
| 值得一看，書裡提出的問題值得 [MASK] 考，說得不無道理。個人支持…… | 思 |
| 不好，每篇文章都很短，看起來 [MASK] 不痛快，剛剛看個開頭就結束了…… | 很 |
| 這是一本小學讀物，用以前評書 [MASK] 方式去寫書，深得小學生的喜…… | 的 |
| C/P 值很高的一家，也是我目前 [MASK] 滿意的一家。門口就有便利…… | 最 |
| 一開始我是看了當當上的推薦，[MASK] 不一樣的卡梅拉這套書是亞馬…… | 說 |
| 仔細讀納蘭詞會發現，豪放是外 [MASK] 的風骨，憂傷才是內斂的精魂…… | 放 |
| 餐廳很差，菜的種類水準都不行 [MASK] 酒店基本沒有旅遊配套服務…… | 。 |
| 酒店在大佛寺景點對面，高速下 [MASK] 很容易找到。酒店貴賓樓大床…… | 來 |
| 環境和服務都比較不錯，最大的 [MASK] 憾是，早上打掃非常不…… | 缺 |
| 從重慶過來，機場下來已經是下 [MASK]5 點多了，結果房間沒有打掃…… | 午 |

## 8.3　模型架構

在本次任務中，依然將一個預訓練的 BERT 模型當作 backbone 網路層使用，使用該 backbone 來取出文字資料特徵，後續連線下游任務模型來把取出的資料特徵還原為任務需要的答案。由於填空任務的答案可能是詞表中的任何一個詞，所以這可以視為一個多分類任務，分類的數目為整個詞表的詞數量。

本次任務的計算流程如圖 8-1 所示，首先把文字資料登錄 backbone 網路取出資料特徵，再把資料特徵輸入下游任務模型進行計算，下游任務模型將把資料特徵投影到全體詞表空間，即可得出最終的預測詞。

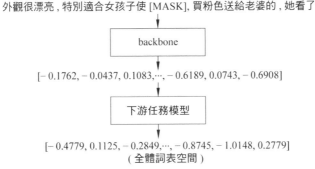

外觀很漂亮 , 特別適合女孩子使 [MASK], 買粉色送給老婆的 , 她看了

backbone

$[-0.1762, -0.0437, 0.1083, \cdots, -0.6189, 0.0743, -0.6908]$

下游任務模型

$[-0.4779, 0.1125, -0.2849, \cdots, -0.8745, -1.0148, 0.2779]$
（全體詞表空間）

▲ 圖 8-1　使用 backbone 的網路計算過程

　　在本次任務中，將忽略對 backbone 的訓練，只是將 backbone 當作一個資料特徵取出層使用。在訓練過程中，只訓練下游任務模型，將會節約寶貴的運算資源，但會降低預測正確率。如果讀者對預測正確率有較高要求，則可以連同 backbone 共同參與訓練，能有效地提高預測正確率，但需要更多的訓練時間和訓練資料。

## 8.4　實現程式

### 8.4.1　準備資料集

#### 1.　使用編碼工具

　　首先需要載入編碼工具，編碼工具能夠把抽象的文字轉換成數字，便於神經網路的後續處理，本章使用的編碼工具依然是 bert-base-chinese 編碼工具，這個編碼工具在「實戰任務 1：中文情感分類」一章中已經詳細介紹了，此處不再贅述，僅列舉出程式，程式如下：

```
# 第 8 章 / 載入編碼工具
from transformers import BertTokenizer
token = BertTokenizer.from_pretrained('bert-base-chinese')
token
```

　　執行結果如下：

```
    PreTrainedTokenizer(name_or_path='bert-base-chinese', vocab_size=21128,
model_max_len=512, is_fast=False, padding_side='right', truncation_side='right',
special_tokens={'unk_token':'[UNK]', 'sep_token':'[SEP]', 'pad_token':'[PAD]',
'cls_token': '[CLS]', 'mask_token': '[MASK]'})
```

載入編碼工具之後，不妨進行一次試算，以便更清晰地觀察編碼工具的輸入和輸出，程式如下：

```
# 第 8 章 / 試編碼句子
out = token.batch_encode_plus(
    batch_text_or_text_pairs=[' 輕輕地我走了，正如我輕輕地來。', ' 我輕輕地招手，作別西
天的雲彩。'],
    truncation=True,
    padding='max_length',
    max_length=18,
    return_tensors='pt',
    return_length=True)
# 查看編碼輸出
for k, v in out.items():
    print(k, v.shape)
# 把編碼還原為句子
print(token.decode(out['input_ids'][0]))
```

在這段程式中，讓編碼工具試編碼了兩個句子，執行結果如下：

```
input_ids torch.Size([2, 18])
token_type_ids torch.Size([2, 18])
length torch.Size([2])
attention_mask torch.Size([2, 18])
[CLS] 輕 輕 地 我 走 了，正 如 我 輕 輕 地 來。 [SEP] [PAD]
```

編碼工具工作的方法和編碼時各個參數的含義及編碼結果在「編碼工具」一章已有詳細解讀，此處不再贅述，如果讀者對編碼結果還不理解，則可以參考「編碼工具」一章。

## 2. 定義資料集

在本次任務中，依然將使用 ChnSentiCorp 資料集，但需要對資料集進行一些操作，將它變成一個填空任務資料集。在開始處理之前，首先需要載入資料集，程式如下：

```
# 第 8 章 / 載入資料集
from datasets import load_from_disk
```

```
dataset = load_from_disk('./data/ChnSentiCorp')
dataset
```

在這段程式中，載入了 ChnSentiCorp 資料集，執行結果如下：

```
DatasetDict({
    train: Dataset({
        features: ['text', 'label'],
        num_rows: 9600
    })
    validation: Dataset({
        features: ['text', 'label'],
        num_rows: 0
    })
    test: Dataset({
        features: ['text', 'label'],
        num_rows: 1200
    })
})
```

可見訓練資料集包括 9600 筆資料，每筆資料中包括兩個欄位，分別為 text 和 label。由於本章要做的任務是填空任務，所以並不需要 label 欄位，後續將把這個欄位丟棄，並建立真正需要的 label。

有了文字資料之後，接下來需要對這些文字資料進行編碼，便於後續的處理，程式如下：

```
# 第 8 章 / 編碼資料，同時刪除多餘的欄位
def f(data):
    return token.batch_encode_plus(batch_text_or_text_pairs=data['text'],
                                   truncation=True,
                                   padding='max_length',
                                   max_length=30,
                                   return_length=True)
dataset = dataset.map(function=f,
                      batched=True,
                      batch_size=1000,
                      num_proc=4,
                      remove_columns=['text', 'label'])
dataset
```

在這段程式中，使用了之前載入的編碼工具，對資料集中的 text 欄位進行了編碼，編碼的結果同之前編碼器的試算結果一致。

（1）參數 truncation=True 和 max_length=30 表示編碼結果的長度不會長於 30 個詞，超出 30 個詞的部分會被截斷。

（2）參數 padding='max_length' 表示不足 30 個詞的句子會被補充 PAD，直到達到 30 個詞的長度。

（3）參數 return_length=True 會讓編碼結果中多出一個 length 欄位，表示這段資料的長度，由於 PAD 不會被計算在長度內，所以 length 一定小於或等於 30，這個欄位方便了後續的資料過濾。

在資料集上呼叫 map() 函式時使用了批次處理加速，每 1000 筆資料為一個批次呼叫一次編碼函式，關於資料集的批次處理加速在「資料集」一章已經詳細介紹，如果讀者對此感到困惑，則可以參考「資料集」一章。

呼叫 map() 函式時還指定了參數 remove_columns=['text', 'label']：表示丟棄原資料中的 text 和 label 資料，只需編碼的結果。

以上程式的執行結果如下：

```
DatasetDict({
    train: Dataset({
        features: ['input_ids', 'token_type_ids', 'length', 'attention_mask'],
        num_rows: 9600
    })
    validation: Dataset({
        features: [],
        num_rows: 0
    })
    test: Dataset({
        features: ['input_ids', 'token_type_ids', 'length', 'attention_mask'],
        num_rows: 1200
    })
})
```

由於編碼結果和原句子是一一對應的關係，並不會導致資料的增加或減少，所以資料的數量沒有變化，但是每筆資料的欄位都變化了，原本的 text 和 label 欄位被丟棄，取而代之的是編碼器編碼的結果。

在編碼的過程中，把所有長於 30 個詞的句子都截斷了，現在所有的句子的長度都小於或等於 30 個詞了。接下來要把所有小於 30 個詞的句子丟棄，確保所有輸入模型訓練的句子都剛好 30 個詞，由於在編碼過程中讓編碼器傳回了每句話的長度，所以很容易完成這個過濾，程式如下：

```
# 第 8 章 / 過濾掉太短的句子
def f(data):
    return [i >= 30 for i in data['length']]
dataset = dataset.filter(function=f, batched=True, batch_size=1000,
num_proc=4)
dataset
```

在這段程式中，以每句話的長度來過濾資料，把長度少於 30 個詞的句子丟棄，在 filter() 函式中使用的各個參數的意思和 map() 中的相同，執行結果如下：

```
DatasetDict({
    train: Dataset({
        features: ['input_ids', 'token_type_ids', 'length', 'attention_mask'],
        num_rows: 9286
    })
    validation: Dataset({
        features: [],
        num_rows: 0
    })
    test: Dataset({
        features: ['input_ids', 'token_type_ids', 'length', 'attention_mask'],
        num_rows: 1157
    })
})
```

可以看到在訓練集中少了 314 筆資料，在測試集中少了 43 筆，這個資料損失的量在可接受的範圍內。以此為代價，現在所有資料的長度都是 30 個詞了，這方便了後續的資料處理工作。

### 3. 定義計算裝置

關於計算裝置在「實戰任務 1：中文情感分類」一章中已經詳細介紹，此處不再贅述，僅列舉出程式，程式如下：

```
# 第 8 章 / 定義計算裝置
device = 'cpu'
if torch.cuda.is_available():
    device = 'CUDA'
device
```

執行結果如下：

```
'CUDA'
```

### 4. 定義資料整理函式

本次的任務為填空任務，現在的資料中每句話都是由 30 個片語成的，所以可以把每句話的第 15 個詞挖出作為 label，也就是網路模型預測的目標，為了防止網路直接從原句子中讀取答案，把每句話的第 15 個詞替換為 [MASK]。相當於在需要網路模型填答案的位置畫橫線，同時擦拭正確答案。網路模型需要根據 [MASK] 的上下文把 [MASK] 處原本的詞預測出來。

上述工作將在資料整理函式中完成，資料整理函式還有把多筆資料合併為一個批次的功能。使用批次資料訓練不僅能提高資料處理的速度，節約訓練、測試的時間，還能讓 loss 的梯度更平穩，讓模型參數更穩定地更新。

在本章中使用的資料整理函式的程式如下：

```
# 第 8 章 / 資料整理函式
def collate_fn(data):
    # 取出編碼結果
    input_ids = [i['input_ids'] for i in data]
    attention_mask = [i['attention_mask'] for i in data]
    token_type_ids = [i['token_type_ids'] for i in data]
    # 轉為 Tensor 格式
    input_ids = torch.LongTensor(input_ids)
    attention_mask = torch.LongTensor(attention_mask)
    token_type_ids = torch.LongTensor(token_type_ids)
    # 把第 15 個詞替換為 MASK
    labels = input_ids[:, 15].reshape(-1).clone()
    input_ids[:, 15] = token.get_vocab()[token.mask_token]
    # 移動到計算裝置
    input_ids = input_ids.to(device)
    attention_mask = attention_mask.to(device)
    token_type_ids = token_type_ids.to(device)
    labels = labels.to(device)
    return input_ids, attention_mask, token_type_ids, labels、
```

在這段程式中，傳入參數的 data 表示一批資料，其中的內容為編碼工具編碼的結果。

由於編碼時並未指定傳回 PyTorch 的 Tensor 格式資料，所以在資料整理函式中把資料整理為 Tensor 格式，整理成 Tensor 格式後，資料的表現形式為 b×30 的矩陣，其中 b 表示 batch size，這是由資料集載入器確定的批次大小。

接下來把 input_ids 矩陣中的第 15 個字複製一份，定義為 labels，也就是網路模型要預測的目標，並把 input_ids 矩陣中的第 15 個字替換為 [MASK]，相當於從題目中擦拭答案，畫上橫線。

接下來把 3 個矩陣移動到之前定義好的計算裝置上，方便後續的模型計算。

定義好了資料整理函式，不妨假定一批資料，讓資料整理函式進行試算，以觀察資料整理函式的輸入和輸出，程式如下：

```
# 第 8 章 / 資料整理函式試算
# 模擬一批資料
data = [{
    'input_ids': [
        101, 2769, 3221, 3791, 6427, 1159, 2110, 5442, 117, 2110, 749, 8409,
        702, 6440, 3198, 4638, 1159, 5277, 4408, 119, 1728, 711, 2769, 3221,
        5439, 2399, 782, 117, 3791, 102
    ],
    'token_type_ids': [0] * 30,
    'attention_mask': [1] * 30
}, {
    'input_ids': [
        101, 679, 7231, 8024, 2376, 3301, 1351, 6848, 4638, 8024, 3301, 1351,
        3683, 6772, 4007, 2692, 8024, 2218, 3221, 100, 2970, 1366, 2208, 749,
        8024, 5445, 684, 1059, 3221, 102
    ],
    'token_type_ids': [0] * 30,
    'attention_mask': [1] * 30
}]
# 試算
input_ids, attention_mask, token_type_ids, labels = collate_fn(data)
# 把編碼還原為句子
print(token.decode(input_ids[0]))
print(token.decode(labels[0]))
input_ids.shape, attention_mask.shape, token_type_ids.shape, labels
```

在這段程式中先虛擬了一批資料，這批資料中包括兩個句子，輸入資料整理函式後，執行結果如下：

```
[CLS] 我 是 法 語 初 學 者 , 學 了 78 個 課 時 [MASK] 初 級 班 . 因 為 我 是 老 年 人 ,
法 [SEP] 的
(torch.Size([2, 30]),
 torch.Size([2, 30]),
 torch.Size([2, 30]),
 tensor([4638, 2692], device='CUDA:0'))
```

可以看到第一句話的 [MASK] 處應該填寫「的」字，這也比較符合自然語義。此外可以看到編碼之後的結果都是確定的 30 個詞，並且每個結果都被移動到了可用的計算裝置上，這方便了後續的計算。

## 5. 定義資料集載入器

關於資料集載入器在第 7 章中已經詳細介紹，此處不再贅述，僅列舉出程式，程式如下：

```
# 第 8 章 / 定義資料集載入器
loader = torch.utils.data.DataLoader(dataset=dataset['train'],
                                     batch_size=16,
                                     collate_fn=collate_fn,
                                     shuffle=True,
                                     drop_last=True)
len(loader)
```

執行結果如下：

```
580
```

可見訓練資料集載入器一共載入了 580 個批次。

定義好了資料集載入器之後，可以查看一批資料樣例，程式如下：

```
# 第 8 章 / 查看資料樣例
for i, (input_ids, attention_mask, token_type_ids,
        labels) in enumerate(loader):
    break
print(token.decode(input_ids[0]))
print(token.decode(labels[0]))
input_ids.shape, attention_mask.shape, token_type_ids.shape, labels
```

執行結果如下：

```
  [CLS] 位 於 友 誼 路 金 融 街 , 找 不 到 吃 飯 [MASK] 地 方。酒 店 剛 剛 裝 修 好,
有 點 [SEP] 的
  (torch.Size([16, 30]),
   torch.Size([16, 30]),
   torch.Size([16, 30]),
   tensor([4638, 6230,  511, 7313, 3221, 7315, 6820, 6858, 7564, 3211, 1690,
3315, 3300,  172, 6821, 1126], device='CUDA:0'))
```

這段程式把一批資料中的第 1 筆還原為了文字形式，便於人類觀察，可以看到這段文字的 [MASK] 處應該填寫「的」字，這比較符合自然語義。

　　樣例資料的結果其實就是資料整理函式的計算結果，只是句子的數量更多。

## 8.4.2　定義模型

### 1.　載入預訓練模型

　　關於預訓練模型在第 7 章中已經詳細介紹，此處不再贅述，僅列舉出程式，程式如下：

```
# 第 8 章 / 載入預訓練模型
from transformers import BertModel
pretrained = BertModel.from_pretrained('bert-base-chinese')
# 統計參數量
sum(i.numel() for i in pretrained.parameters()) / 10000
```

　　在程式的最後，輸出了模型的參數量，執行結果如下：

```
10226.7648
```

　　可見 bert-base-chinese 模型的參數量約為 1 億個，在本次任務中選擇不訓練它，程式如下：

```
# 第 8 章 / 不訓練預訓練模型，不需要計算梯度
for param in pretrained.parameters():
    param.requires_grad_(False)
```

　　定義好預訓練模型之後，可以進行一次試算，程式如下：

```
# 第 8 章 / 預訓練模型試算
# 設定計算裝置
pretrained.to(device)
# 模型試算
out = pretrained(input_ids=input_ids,
                 attention_mask=attention_mask,
                 token_type_ids=token_type_ids)
out.last_hidden_state.shape
```

執行結果如下：

```
torch.Size([16, 30, 768])
```

此處輸入的資料就是之前看到的樣例資料，從預訓練模型的計算結果可以看出，這也是 16 句話的結果，每句話包括 30 個詞，每個詞被抽成了一個 768 維的向量。到此為止，透過預訓練模型成功地把 16 句話轉為一個特徵向量矩陣，可以連線下游任務模型做分類或回歸任務。

## 2. 定義下游任務模型

完成以上工作後，現在可以定義下游任務模型了，下游任務模型的任務是對 backbone 取出的特徵進行下一步計算，得到符合業務需求的計算結果，對於本章的任務來講，需要計算一個多分類的結果，類別的數目等於整個詞表的詞數量，模型理想的計算結果為資料集中的 label 欄位，程式如下：

```
# 第 8 章 / 定義下游任務模型
class Model(torch.nn.Module):
    def __init__(self):
        super().__init__()
        self.decoder = torch.nn.Linear(in_features=768,
                                       out_features=token.vocab_size,
                                       bias=False)
        # 重新將 decode 中的 bias 參數初始化為全 0
        self.bias = torch.nn.Parameter(data=torch.zeros(token.vocab_size))
        self.decoder.bias = self.bias
        # 定義 DropOut 層，防止過擬合
        self.DropOut = torch.nn.DropOut(p=0.5)
    def forward(self, input_ids, attention_mask, token_type_ids):
        # 使用預訓練模型取出資料特徵
        with torch.no_grad():
            out = pretrained(input_ids=input_ids,
                             attention_mask=attention_mask,
                             token_type_ids=token_type_ids)
        # 把第 15 個詞的特徵投影到全字典範圍內
        out = self.DropOut(out.last_hidden_state[:, 15])
        out = self.decoder(out)
        return out
model = Model()
# 設定計算裝置
```

```
model.to(device)
#試算
model(input_ids=input_ids,
      attention_mask=attention_mask,
      token_type_ids=token_type_ids).shape
```

在這段程式中，定義了下游任務模型，該模型只包括一個全連接的線性神經網路，權重矩陣為768×21128，所以它能夠把一個768維度的向量轉換到21128維空間中。21128這個數字來自編碼器的字典空間，它是編碼器所認識的字的數量，所以可以視為下游任務模型可以把backbone取出的資料特徵還原為字典中的任何一個字。

下游任務模型的計算過程為，獲取一批資料之後，使用backbone將這批資料取出成特徵矩陣，取出的特徵矩陣的形狀應該是16×30×768，這在之前預訓練模型的試算中已經看到。這3個維度分別代表了16句話、30個詞、768維度的特徵向量。

在本次的填空任務中，填空處固定出現在每句話的第15個詞的位置，所以只取出每句話的第15個詞的特徵，再嘗試把這個詞的特徵投影到全體詞表空間中，即還原為詞典中的某個詞。

在投影到全體詞表空間中時，由於768×21128是一個很大的矩陣，如果直接計算，則很容易導致過擬合，所以對backbone取出的資料特徵要連線一個DropOut網路，把其中的資料以一定的機率置為0，防止網路的過擬合。

在程式的最後對該模型進行了試算，執行結果如下：

```
torch.Size([16, 21128])
```

可見，預測結果為16句的填空結果，如果在該結果上再套用Softmax()函式，則為在全體詞表中每個詞的機率。

注意：在此處的計算後不建議再套用Softmax作為啟動函式，因為分類的結果比較多，導致每個類別分到的機率都非常低，套用Softmax後大多數類別的機率將非常接近0，這在計算參數梯度時會出現問題，也就是出現了梯度消失的情況，這不利於模型的訓練和收斂，所以不建議在計算過程中套用Softmax。

## 8.4.3 訓練和測試

### 1. 訓練

模型定義之後，接下來就可以對模型進行訓練了，程式如下：

```
# 第 8 章 / 訓練
from transformers import AdamW
from transformers.optimization import get_scheduler
def train():
    # 定義最佳化器
    optimizer = AdamW(model.parameters(), lr=5e-4, weight_decay=1.0)
    # 定義 loss 函式
    criterion = torch.nn.CrossEntropyLoss()
    # 定義學習率調節器
    scheduler = get_scheduler(name='linear',
                              num_warmup_steps=0,
                              num_training_steps=len(loader) * 5,
                              optimizer=optimizer)
    # 將模型切換到訓練模式
    model.train()
    # 共訓練 5 個 epoch
    for epoch in range(5):
        # 按批次遍歷訓練集中的資料
        for i, (input_ids, attention_mask, token_type_ids,
            labels) in enumerate(loader):
            # 模型計算
            out = model(input_ids=input_ids,
                        attention_mask=attention_mask,
                        token_type_ids=token_type_ids)
            # 計算 loss 並使用梯度下降法最佳化模型參數
            loss = criterion(out, labels)
            loss.backward()
            optimizer.step()
            scheduler.step()
            optimizer.zero_grad()
            # 輸出各項資料的情況，便於觀察
            if i % 50 == 0:
                out = out.argmax(dim=1)
                accuracy = (out == labels).sum().item() / len(labels)
                lr = optimizer.state_dict()['param_groups'][0]['lr']
                print(epoch, i, loss.item(), lr, accuracy)
train()
```

在這段程式中，首先定義了最佳化器、loss 計算函式、學習率調節器，其中最佳化器使用了 HuggingFace 提供的 AdamW 最佳化器，這是傳統的 Adam 最佳化器的改進版本，在自然語言處理任務中，該最佳化器往往能取得比 Adam 最佳化器更好的成績，並且計算效率更高。

由於本次的下游任務模型中包含了一個比較大的權重矩陣參數，形狀為 768×21128，它很可能導致過擬合，所以在最佳化過程中加入權重參數二範數衰減，使用 AdamW 參數要做到這一點非常簡單，在定義時 AdamW 指定參數 weight_decay 即可，在本章程式中這個參數等於 1.0，權重衰減的生效原理如下：

$$\text{loss} = \text{loss} + \text{weight\_decay} \cdot \text{norm}(w) \tag{8-1}$$

從式 (8-1) 可以看出，權重衰減即為在 loss 的基礎上加上 weight_decay 倍的權重的二範數，二範數的計算公式如下：

$$\text{norm}(w) = \sqrt{\sum_{i=0} x_i^2} \tag{8-2}$$

從式 (8-2) 可以看出，二範數衡量了一組數絕對值的大小，在 loss 中加入權重矩陣的二範數後能夠約束權重矩陣中數字偏離 0 的絕對值，能夠防止絕對值太大的權重出現，進而防止模型的過擬合。

學習率調節器也使用了 HuggingFace 提供的線性學習率調節器，它能在訓練的過程中，讓學習率緩慢地下降，而非使用始終如一的學習率，因為在訓練的後期，需要更小的學習率來微調參數，這有利於 loss 下降到更低的點。

由於本章的任務為分類任務，所以使用的 loss 計算函式為 CrossEntropyLoss，即交叉熵計算函式。

之後把下游任務模型切換到訓練模式，即可開始訓練。訓練的過程為不斷地從資料集載入器中獲取一批一批的資料，讓模型進行計算，用模型計算的結果和真實的 labels 計算 loss，根據 loss 計算模型中所有參數的梯度，並執行梯度下降最佳化參數。

最後，每最佳化 50 次模型參數，就計算一次當前模型預測結果的正確率，並輸出模型的 loss 和最佳化器的學習率，最終訓練完畢後，輸出的觀察資料見表 8-2。

▼ 表 8-2　訓練過程輸出

| epochs | steps | loss | lr | accuracy | epochs | steps | loss | lr | accuracy |
|---|---|---|---|---|---|---|---|---|---|
| 0 | 0 | 10.02245 | 0.00050 | 0.00000 | 0 | 200 | 6.47591 | 0.00047 | 0.06250 |
| 0 | 50 | 8.73752 | 0.00049 | 0.18750 | 0 | 250 | 3.80031 | 0.00046 | 0.43750 |
| 0 | 100 | 7.15378 | 0.00048 | 0.25000 | 0 | 300 | 7.02366 | 0.00045 | 0.25000 |
| 0 | 150 | 6.03680 | 0.00047 | 0.25000 | 0 | 350 | 5.19493 | 0.00044 | 0.31250 |
| 0 | 400 | 5.88471 | 0.00043 | 0.31250 | 2 | 500 | 2.30659 | 0.00021 | 0.68750 |
| 0 | 450 | 4.16820 | 0.00042 | 0.43750 | 2 | 550 | 3.20079 | 0.00021 | 0.37500 |
| 0 | 500 | 6.24073 | 0.00041 | 0.37500 | 3 | 0 | 4.25911 | 0.00020 | 0.43750 |
| 0 | 550 | 4.36336 | 0.00041 | 0.37500 | 3 | 50 | 2.65927 | 0.00019 | 0.75000 |
| 1 | 0 | 3.57495 | 0.00040 | 0.37500 | 3 | 100 | 2.20593 | 0.00018 | 0.75000 |
| 1 | 50 | 4.21926 | 0.00039 | 0.37500 | 3 | 150 | 2.55697 | 0.00017 | 0.68750 |
| 1 | 100 | 3.14970 | 0.00038 | 0.62500 | 3 | 200 | 1.96937 | 0.00017 | 0.87500 |
| 1 | 150 | 3.07671 | 0.00037 | 0.37500 | 3 | 250 | 1.30773 | 0.00016 | 0.93750 |
| 1 | 200 | 3.61376 | 0.00037 | 0.56250 | 3 | 300 | 1.97550 | 0.00015 | 0.68750 |
| 1 | 250 | 3.38870 | 0.00036 | 0.50000 | 3 | 350 | 2.63103 | 0.00014 | 0.50000 |
| 1 | 300 | 5.34837 | 0.00035 | 0.43750 | 3 | 400 | 2.68644 | 0.00013 | 0.75000 |
| 1 | 350 | 2.75063 | 0.00034 | 0.62500 | 3 | 450 | 2.83742 | 0.00012 | 0.62500 |
| 1 | 400 | 3.60000 | 0.00033 | 0.56250 | 3 | 500 | 2.51999 | 0.00011 | 0.75000 |
| 1 | 450 | 2.45644 | 0.00032 | 0.68750 | 3 | 550 | 2.21308 | 0.00011 | 0.68750 |
| 1 | 500 | 2.78668 | 0.00031 | 0.56250 | 4 | 0 | 3.36912 | 0.00010 | 0.62500 |
| 1 | 550 | 3.41117 | 0.00031 | 0.56250 | 4 | 50 | 2.59006 | 0.00009 | 0.43750 |
| 2 | 0 | 3.25477 | 0.00030 | 0.56250 | 4 | 100 | 2.21236 | 0.00008 | 0.68750 |
| 2 | 50 | 2.01454 | 0.00029 | 0.75000 | 4 | 150 | 3.92921 | 0.00007 | 0.43750 |
| 2 | 100 | 2.37261 | 0.00028 | 0.56250 | 4 | 200 | 1.77267 | 0.00007 | 0.75000 |
| 2 | 150 | 1.84013 | 0.00027 | 0.75000 | 4 | 250 | 2.40243 | 0.00006 | 0.56250 |
| 2 | 200 | 3.04104 | 0.00027 | 0.43750 | 4 | 300 | 2.84725 | 0.00005 | 0.62500 |
| 2 | 250 | 2.98019 | 0.00026 | 0.31250 | 4 | 350 | 2.03722 | 0.00004 | 0.81250 |
| 2 | 300 | 2.78399 | 0.00025 | 0.37500 | 4 | 400 | 2.57511 | 0.00003 | 0.62500 |
| 2 | 350 | 3.12790 | 0.00024 | 0.43750 | 4 | 450 | 1.93760 | 0.00002 | 0.75000 |
| 2 | 400 | 3.32452 | 0.00023 | 0.56250 | 4 | 500 | 2.04699 | 0.00001 | 0.68750 |
| 2 | 450 | 3.73159 | 0.00022 | 0.50000 | 4 | 550 | 2.00543 | 0.00001 | 0.81250 |

從表 8-2 可以看出，在全量資料訓練了 5 個 epochs，模型的預測正確率在緩慢地上升，並且能夠觀察到 loss 隨著訓練的處理程序在不斷地下降，學習率也如預期在緩慢地下降。

## 2. 測試

　　最後，對訓練好的模型進行測試，以驗證訓練的有效性，程式如下：

```
# 第 8 章 / 測試
def test():
    # 定義測試資料集載入器
    loader_test = torch.utils.data.DataLoader(dataset=dataset['test'],
                                              batch_size=32,
                                              collate_fn=collate_fn,
                                              shuffle=True,
                                              drop_last=True)
    # 將下游任務模型切換到執行模式
    model.eval()
    correct = 0
    total = 0
    # 按批次遍歷測試集中的資料
    for i, (input_ids, attention_mask, token_type_ids,
            labels) in enumerate(loader_test):
        # 計算 15 個批次即可，不需要全部遍歷
        if i == 15:
            break
        print(i)
        # 計算
        with torch.no_grad():
            out = model(input_ids=input_ids,
                        attention_mask=attention_mask,
                        token_type_ids=token_type_ids)
        # 統計正確率
        out = out.argmax(dim=1)
        correct += (out == labels).sum().item()
        total += len(labels)
    print(correct / total)
test()
```

　　在這段程式中，首先定義了測試資料集和載入器，並取出 5 個批次的資料讓模型進行預測，最後統計正確率並輸出，執行結果如下：

```
0.5645833333333333
```

最終模型獲得了約 56.5% 正確率的成績，這個正確率看起來不高，但是需要注意這是一個 21128 分類的任務，所以能取得 56.5% 的正確率驗證了下游任務模型，在即使不訓練 backbone 的情況下也能取得一定的成績。如果連同 backbone 模型一起訓練，則可以進一步提高預測的正確率，感興趣的讀者可以自行實驗。

## 8.5 小結

本章透過一個填空的例子講解了使用 BERT 預訓練模型取出文字特徵資料的方法，事實上填空任務也是 BERT 模型本身在訓練時的子任務，所以使用 BERT 模型在做填空任務時效果往往較好，在處理不同的任務時，應該選擇合適的預訓練模型。

填空任務本身可以被視為一個多分類任務，但由於全體詞表空間的數量比較大，往往有上萬個詞，所以是個類別特別多的多分類任務，這導致在輸出時很容易過擬合，本章演示了使用 DropOut 層來隨機斷開部分網路權重和使用權重參數衰減這兩種方式來緩解過擬合。

分類的類別太多也容易出現梯度消失的問題，所以在下游任務的輸出時不能使用 Softmax 函式啟動，需要格外注意。

# 第 9 章
# 實戰任務 3：
# 中文句子關係推斷

## 9.1　任務簡介

　　本章將使用神經網路判斷兩個句子是否是連續的關係，以人類的角度來講，閱讀兩個句子，很容易就能判斷出這兩個句子是相連的，還是無關的，所以在本章中，將嘗試讓神經網路來完成這個任務。

　　本章依然使用 BERT 模型作為 backbone，使用 BETR 預訓練模型來取出兩個句子的文字特徵，並在文字特徵的基礎上做出判斷，得出兩個句子是相連的，還是無關的結果。BERT 模型在本身的訓練過程中，有一個子任務用於判斷兩個句子的關係，所以使用 BERT 完成這個任務非常合適，本章依然不會對 BERT 模型本身進行訓練，只是將 BERT 模型作為 backbone 層使用。完成本任務，只需訓練下游任務模型。

## 9.2　資料集介紹

　　出於簡單起見，本章所使用的資料集依然是 ChnSentiCorp 資料集，對於本章的任務而言，不需要資料集中的 label 欄位，只需文字資料，在後續的資料處理過程中，將把文字資料整理成需要的句子對的形式，並且每一對句子都有一個標識，用於表示這兩個句子是相連的還是無關的關係，見表 9-1。

▼ 表 9-1 句子關係推斷資料集樣例

| 句 子 1 | 句 子 2 | 標識 |
|---|---|---|
| 地理位置佳，在市中心。酒店服務好、早餐品 | 法買的。因為我那段時間一直提不起任何興致 | 無關 |
| 五一期間在這住的，位置還可以，在市委市 | 政府附近，要去商業區和步行街得打車，屋裡 | 相連 |
| 我看過朋友的還可以，但是我訂的書遲遲未到 | 已有半個月，都沒有收到，打電話也沒有用，以 | 相連 |
| 還不錯，設施稍微有點舊，但是可以接受，但是 | 朋友推薦下我買了一套。沒想到孩子特別喜歡 | 無關 |
| 送的內膽包有點不好，還有電源線中間連接 | 處無法全部插入。續航時間也沒有額定的那麼 | 相連 |
| 這是我第 1 次給全五星哦！超級快！這是 | 最快收到書的一次了。我是中午時訂的， | 相連 |
| 兩歲的兒子特別喜歡車，尤其是火車，於是在 | 朋友的推薦下我買了一套。沒想到孩子特別喜歡 | 相連 |
| 有些東西不贊同，事後的捷徑，不過如此，年 | 青人該經歷的還是要去體驗，否則擁有後還會 | 相連 |
| 拿回家的那天，我女兒第一時間要我給她講完 | 可以的，裝系統比較麻煩，需要格式化硬碟 | 無關 |
| 沒有比這更差的酒店了。房間燈光昏暗，空調 | 無法調節，前臺服務僵化。用早餐時，服務生 | 相連 |
| 語言輕鬆幽默，閱讀起來讓人心情大好，內容 | 實用，但是不喜歡把部落格回覆內容及跟讀者 | 相連 |
| 我家寶寶快兩歲了，這套書對於她來講太簡單 | 了，沒有吸引力，我是看了大家的評論才買的 | 相連 |
| 桐華的書似乎我都看過了，都好喜歡，而且都 | 以，價格比較便宜，含在 188 元房費裡的早餐 | 無關 |

## 9.3 模型架構

　　與情感分類和填空任務不同，在這兩個任務中，輸入網路模型的都是一個一個的句子，在句子關係推斷任務中，輸入網路模型的是一對一對的句子。本次任務的計算流程如圖 9-1 所示。

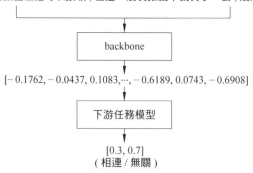

▲ 圖 9-1 使用 backbone 的網路計算過程

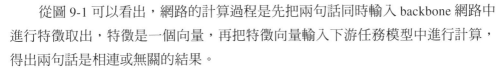

　　從圖 9-1 可以看出，網路的計算過程是先把兩句話同時輸入 backbone 網路中進行特徵取出，特徵是一個向量，再把特徵向量輸入下游任務模型中進行計算，得出兩句話是相連或無關的結果。

　　在本章中依然不會訓練 backbone 層，如果讀者對最終預測的性能不滿足，則可以透過連同 backbone 一起訓練的方式提高性能，不過這需要更強的計算力，更多的訓練資料，在本章中不涉及這些內容。

## 9.4 實現程式

### 9.4.1 準備資料集

**1. 使用編碼工具**

　　首先需要載入編碼工具。編碼工具能夠把抽象的文字轉換成數字，便於神經網路的後續處理。本章使用的編碼工具依然是 bert-base-chinese 編碼工具，這個編碼工具在第 7 章中已經詳細介紹過，此處不再贅述，僅列舉出程式，程式如下：

```
# 第 9 章 / 載入編碼工具
from transformers import BertTokenizer
token = BertTokenizer.from_pretrained('bert-base-chinese')
token
```

　　執行結果如下：

```
PreTrainedTokenizer(name_or_path='bert-base-chinese', vocab_size=21128,
model_max_len=512, is_fast=False, padding_side='right', truncation_side='right',
special_tokens={'unk_token': '[UNK]', 'sep_token': '[SEP]', 'pad_token':
'[PAD]', 'cls_token': '[CLS]', 'mask_token': '[MASK]'})
```

　　載入編碼工具之後不妨進行一次試算，以更清晰地觀察編碼工具的輸入和輸出，程式如下：

```
# 第 9 章 / 試編碼句子
out = token.batch_encode_plus(
    batch_text_or_text_pairs=[('不是一切大樹 ,', '都被風暴折斷。'),
                              ('不是一切種子 ,', '都找不到生根的土壤。')],
    truncation=True,
    padding='max_length',
```

```
    max_length=18,
    return_tensors='pt',
    return_length=True,
)
# 查看編碼輸出
for k, v in out.items():
    print(k, v.shape)
# 把編碼還原為句子
print(token.decode(out['input_ids'][0]))
```

與情感分類和填空任務不同，這裡編碼的是句子對，執行結果如下：

```
input_ids torch.Size([2, 18])
token_type_ids torch.Size([2, 18])
length torch.Size([2])
attention_mask torch.Size([2, 18])
[CLS] 不是一切大樹，[SEP] 都被風暴折斷。 [SEP] [PAD]
```

可以看到，編碼的結果都是確定的長度，為參數中的 max_length=18 個詞的長度。編碼結果見表 9-2。

▼ 表 9-2 編碼結果示意

| 句子 | [CLS] | 不 | 是 | 一 | 切 | 大 | 樹 | ， | [SEP] | 都 | 被 | 風 | 暴 | 折 | 斷 | 。 | [SEP] | [PAD] |
|---|---|---|---|---|---|---|---|---|---|---|---|---|---|---|---|---|---|---|
| input_ids | 101 | 679 | 3221 | 671 | 1147 | 1920 | 3409 | 8024 | 102 | 6963 | 6158 | 7599 | 3274 | 2835 | 3171 | 511 | 102 | 0 |
| token_type_ids | 0 | 0 | 0 | 0 | 0 | 0 | 0 | 0 | 0 | 1 | 1 | 1 | 1 | 1 | 1 | 1 | 1 | 0 |
| attention_mask | 1 | 1 | 1 | 1 | 1 | 1 | 1 | 1 | 1 | 1 | 1 | 1 | 1 | 1 | 1 | 1 | 1 | 0 |

編碼工具工作的方法和編碼時各個參數的含義及編碼結果在「編碼工具」一章已有詳細解讀，此處不再贅述，如果讀者對編碼結果還不理解，則可以參考「編碼工具」一章。

## 2. 定義資料集

定義本次任務所需要的資料集，如前所述，依然使用 ChnSentiCorp 資料集中的文字資料製作，程式如下：

```
# 第 9 章 / 定義資料集
import torch
from datasets import load_from_disk
```

```
import random
class Dataset(torch.utils.data.Dataset):
    def __init__(self, split):
        dataset = load_from_disk('./data/ChnSentiCorp')[split]
        def f(data):
            return len(data['text']) > 40
        self.dataset = dataset.filter(f)
    def __len__(self):
        return len(self.dataset)
    def __getitem__(self, i):
        text = self.dataset[i]['text']
        # 將一句話切分為前半句和後半句
        sentence1 = text[:20]
        sentence2 = text[20:40]
        # 隨機整數，設定值為 0 和 1
        label = random.randint(0, 1)
        # 有一半機率把後半句替換為無關的句子
        if label == 1:
            j = random.randint(0, len(self.dataset) - 1)
            sentence2 = self.dataset[j]['text'][20:40]
        return sentence1, sentence2, label
dataset = Dataset('train')
sentence1, sentence2, label = dataset[7]
len(dataset), sentence1, sentence2, label
```

在這段程式中，載入了 ChnSentiCorp 資料集，並使用了 PyTorch 的 Dataset 物件進行了封裝，由於本次任務是要判斷兩句話是否存在相連的關係，如果假設定義每句話的長度為 20 個字，則原句子最短不能少於 40 個字，否則不能被切割成兩句話。

所以在 __init__() 函式中載入了 ChnSentiCorp 資料集後對資料集進行過濾，丟棄了數位少於 40 個字的句子。

在 __getitem__() 函式中把原句切割成了各 20 個字的兩句話，並且有一半的機率把後半句替換為無關的句子，這樣就形成了本次任務中需要的資料結構，即每筆資料中包括兩句話，並且這兩句話分別有 50% 的機率是相連和無關的關係。

最後初始化訓練資料集，並查看訓練資料集的長度和一筆資料樣例，執行結果如下：

```
(8001, '地理位置佳，在市中心。酒店服務好、早餐品', '種豐富。我住的商務數位房電腦寬頻速度滿意', 0)
```

　　可見，訓練資料集包括 8001 筆資料，每筆資料包括兩句話和一個標識，標識表示這兩句話是相連還是無關的關係。值得注意的是，此處的資料依然是文字資料，還沒有被編碼器編碼。

## 3. 定義計算裝置

　　關於計算裝置在第 7 章中已經詳細介紹，此處不再贅述，僅列舉出程式，程式如下：

```
# 第 9 章 / 定義計算裝置
device = 'cpu'
if torch.cuda.is_available():
    device = 'CUDA'
device
```

　　執行結果如下：

```
'CUDA'
```

## 4. 定義資料整理函式

　　定義一個資料整理函式，它具有批次編碼一批文字資料的功能，程式如下：

```
# 第 9 章 / 資料整理函式
def collate_fn(data):
    sents = [i[:2] for i in data]
    labels = [i[2] for i in data]
    # 編碼
    data = token.batch_encode_plus(batch_text_or_text_pairs=sents,
                             truncation=True,
                             padding='max_length',
                             max_length=45,
                             return_tensors='pt',
                             return_length=True,
                             add_special_tokens=True)
    #input_ids: 編碼之後的數字
    #attention_mask: 補零的位置是 0，其他位置是 1
    #token_type_ids: 第 1 個句子和特殊符號的位置是 0，第 2 個句子的位置是 1
    input_ids = data['input_ids'].to(device)
    attention_mask = data['attention_mask'].to(device)
    token_type_ids = data['token_type_ids'].to(device)
    labels = torch.LongTensor(labels).to(device)
    return input_ids, attention_mask, token_type_ids, labels
```

在這段程式中，傳入參數的 data 表示一批資料，取出其中的句子對和標識，分別為兩個 list，其中句子對的 list 中為一個一個 tuple，每個 tuple 中包括兩個句子，即一對句子。

在製作資料集時已經明確兩個句子各有 20 個字，但在經過編碼時每個字並不一定會被編碼成一個詞，此外在編碼時還要往句子中插入一些特殊符號，如標識句子開始的 [CLS]，標識一個句子結束的 [SEP]，所以編碼的結果並不能確定為 40 個詞，因此在編碼時需要留下一定的容差，讓編碼結果中能囊括兩個句子的所有資訊，如果有多餘的位置，則可以以 [PAD] 填充。

綜上所述，使用編碼工具編碼這一批句子對時，在參數中指定了編碼後的結果為確定的 45 個詞，超過 45 個詞的句子將被截斷，而不足 45 個詞的句子將被補充 PAD，直到 45 個詞。

在編碼時，透過參數 return_tensors='pt' 讓編碼的結果為 PyTorch 的 Tensor 格式，這免去了後續轉換資料格式的麻煩。

之後取出編碼的結果，並把 labels 也轉為 PyTorch 的 Tensor 格式，再把它們都移動到之前定義好的計算裝置上，最後把這些資料全部傳回，資料整理函式的工作完畢。

定義好了資料整理函式，不妨假定一批資料，讓資料整理函式進行試算，以觀察資料整理函式的輸入和輸出，程式如下：

```
# 第 9 章 / 資料整理函式試算
# 模擬一批資料
data = [('酒店還是非常的不錯，我預定的是套間，服務', '非常好，隨叫隨到，結帳非常快。',
0),
         ('外觀很漂亮,C/P值感覺還不錯，功能簡', '單,適合出差攜帶。藍芽攝影機都有了。',
0),
         ('《穆斯林的葬禮》我已聞名很久，只是一直沒', '怎能享受 4 星的服務，連空調都不能
用的。', 1)]
# 試算
input_ids, attention_mask, token_type_ids, labels = collate_fn(data)
# 把編碼還原為句子
print(token.decode(input_ids[0]))
input_ids.shape, attention_mask.shape, token_type_ids.shape, labels
```

在這段程式中先虛擬了一批資料，在這批資料中包括 3 對句子，輸入資料整理函式後，執行結果如下：

```
   [CLS] 酒店還是非常的不錯，我預定的是套間，服務 [SEP] 非常好，隨叫隨到，結帳非常快。
[SEP] [PAD] [PAD] [PAD] [PAD] [PAD] [PAD] [PAD]
   Out[7]:
   (torch.Size([3, 45]),
   torch.Size([3, 45]),
   torch.Size([3, 45]),
   tensor([0, 0, 1], device='CUDA:0'))
```

可見，編碼之後的結果都是確定的 45 個詞，並且每個結果都被移動到了可用的計算裝置上，這方便了後續的計算。

## 5. 定義資料集載入器

關於資料集載入器在第 7 章中已經詳細介紹過，此處不再贅述，僅列舉出程式，程式如下：

```
# 第 9 章 / 資料集載入器
loader = torch.utils.data.DataLoader(dataset=dataset,
                                     batch_size=8,
                                     collate_fn=collate_fn,
                                     shuffle=True,
                                     drop_last=True)
len(loader)
```

執行結果如下：

```
1000
```

可見，訓練資料集載入器一共有 1000 個批次。

定義好了資料載入器之後，可以查看一批資料樣例，程式如下：

```
# 第 9 章 / 查看資料樣例
for i, (input_ids, attention_mask, token_type_ids,
       labels) in enumerate(loader):
    break
input_ids.shape, attention_mask.shape, token_type_ids.shape, labels
```

執行結果如下：

```
(torch.Size([8, 45]),
 torch.Size([8, 45]),
 torch.Size([8, 45]),
 tensor([0, 1, 0, 0, 1, 0, 0, 0], device='CUDA:0'))
```

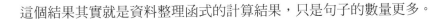

這個結果其實就是資料整理函式的計算結果，只是句子的數量更多。

## 9.4.2 定義模型

### 1. 載入預訓練模型

關於預訓練模型在第 7 章中已經詳細介紹過，此處不再贅述，僅列舉出程式，程式如下：

```
# 第 9 章 / 載入預訓練模型
from transformers import BertModel
pretrained = BertModel.from_pretrained('bert-base-chinese')
# 統計參數量
sum(i.numel() for i in pretrained.parameters()) / 10000
```

在程式的最後，輸出了模型的參數量，執行結果如下：

```
10226.7648
```

可見，bert-base-chinese 模型的參數量約為 1 億個，在本次任務中選擇不訓練它，程式如下：

```
# 第 9 章 / 不訓練預訓練模型，不需要計算梯度
for param in pretrained.parameters():
    param.requires_grad_(False)
```

定義好預訓練模型之後，可以進行一次試算，程式如下：

```
# 第 9 章 / 預訓練模型試算
# 設定計算裝置
pretrained.to(device)
# 模型試算
out = pretrained(input_ids=input_ids,
                 attention_mask=attention_mask,
                 token_type_ids=token_type_ids)
out.last_hidden_state.shape
```

執行結果如下：

```
torch.Size([8, 45, 768])
```

　　樣例資料為 8 句話的編碼結果，從預訓練模型的計算結果可以看出，這也是 8 句話的結果，每句話包括 45 個詞，每個詞被抽成了一個 768 維的向量。到此為止，透過預訓練模型成功地把 8 句話轉為一個特徵向量矩陣，可以連線下游任務模型做分類或回歸任務。

## 2. 定義下游任務模型

　　完成以上工作後，現在可以定義下游任務模型了，對於本章的任務來講，需要計算一個二分類的結果，並且需要和資料集中真實的 label 保持一致，程式如下：

```
# 第 9 章 / 定義下游任務模型
class Model(torch.nn.Module):
    def __init__(self):
        super().__init__()
        self.fc = torch.nn.Linear(768, 2)
    def forward(self, input_ids, attention_mask, token_type_ids):
        # 使用預訓練模型取出資料特徵
        with torch.no_grad():
            out = pretrained(input_ids=input_ids,
                            attention_mask=attention_mask,
                            token_type_ids=token_type_ids)
        # 對取出的特徵只取第 1 個字的結果進行分類即可
        out = self.fc(out.last_hidden_state[:, 0])
        out = out.Softmax(dim=1)
        return out
model = Model()
# 設定計算裝置
model.to(device)
# 試算
model(input_ids=input_ids,
      attention_mask=attention_mask,
      token_type_ids=token_type_ids).shape
```

　　在這段程式中，定義了下游任務模型，該模型只包括一個全連接的線性神經網路，權重矩陣為 $768 \times 2$，所以它能夠把一個 768 維度的向量轉換到二維空間中。

　　下游任務模型的計算過程為，獲取一批資料之後，使用 backbone 將這批資料取出成特徵矩陣，取出的特徵矩陣的形狀應該是 $16 \times 45 \times 768$，這個在之前預訓練模型的試算中已經看到。這 3 個維度分別代表了 16 句話、45 個詞、768 維度的特徵向量。

之後下游任務模型丟棄了 44 個詞的特徵，只獲得了第 1 個詞（索引為 0）的特徵向量，對應了編碼結果中的 [CLS]，把特徵向量矩陣變成了 16×768。相當於把每句話變成了一個 768 維度的向量。

**注意**：之所以只取了第 1 個詞的特徵做後續的判斷計算，這和預訓練模型 BERT 的訓練方法有關係，具體可見第 14 章。

之後再使用自己的全連接線性神經網路把 16×768 特徵矩陣轉換到 16×2，即為要求的二分類結果。

在程式的最後對該模型進行試算，執行結果如下：

```
torch.Size([16, 2])
```

可見，這就是要求的 16 句話的二分類的結果。

## 9.4.3 訓練和測試

### 1. 訓練

模型定義之後，接下來就可以對模型進行訓練了，程式如下：

```
# 第 9 章 / 訓練
from transformers import AdamW
from transformers.optimization import get_scheduler
def train():
    # 定義最佳化器
    optimizer = AdamW(model.parameters(), lr=5e-5)
    # 定義 loss 函式
    criterion = torch.nn.CrossEntropyLoss()
    # 定義學習率調節器
    scheduler = get_scheduler(name='linear',
                        num_warmup_steps=0,
                        num_training_steps=len(loader),
                        optimizer=optimizer)
    # 將模型切換到訓練模式
    model.train()
    # 按批次遍歷訓練集中的資料
    for i, (input_ids, attention_mask, token_type_ids,
            labels) in enumerate(loader):
        # 模型計算
        out = model(input_ids=input_ids,
```

```
                    attention_mask=attention_mask,
                    token_type_ids=token_type_ids)
    # 計算 loss 並使用梯度下降法最佳化模型參數
    loss = criterion(out, labels)
    loss.backward()
    optimizer.step()
    scheduler.step()
    optimizer.zero_grad()
    # 輸出各項資料的情況，便於觀察
    if i % 20 == 0:
        out = out.argmax(dim=1)
        accuracy = (out == labels).sum().item() / len(labels)
        lr = optimizer.state_dict()['param_groups'][0]['lr']
        print(i, loss.item(), lr, accuracy)
train()
```

在這段程式中，首先定義了最佳化器、loss 計算函式、學習率調節器。這 3 個工具在第 7 章已經詳細介紹過，此處不再贅述。

最後，每最佳化 10 次模型參數，就計算一次當前模型預測結果的正確率，並輸出模型的 loss 和最佳化器的學習率，最終訓練完畢後，輸出的觀察資料見表 9-3。

▼ 表 9-3　訓練過程輸出

| steps | loss | lr | accuracy | steps | loss | lr | accuracy |
|-------|------|-----|----------|-------|------|-----|----------|
| 0 | 0.68179 | 0.00005 | 0.62500 | 500 | 0.56901 | 0.00002 | 0.75000 |
| 20 | 0.62003 | 0.00005 | 0.87500 | 520 | 0.41033 | 0.00002 | 1.00000 |
| 40 | 0.60876 | 0.00005 | 0.75000 | 540 | 0.57497 | 0.00002 | 0.75000 |
| 60 | 0.60296 | 0.00005 | 0.75000 | 560 | 0.61155 | 0.00002 | 0.75000 |
| 80 | 0.49944 | 0.00005 | 1.00000 | 580 | 0.46779 | 0.00002 | 0.75000 |
| 100 | 0.59593 | 0.00004 | 0.75000 | 600 | 0.52939 | 0.00002 | 0.87500 |
| 120 | 0.58477 | 0.00004 | 0.75000 | 620 | 0.49104 | 0.00002 | 0.87500 |
| 140 | 0.51221 | 0.00004 | 1.00000 | 640 | 0.39098 | 0.00002 | 1.00000 |
| 160 | 0.49797 | 0.00004 | 1.00000 | 660 | 0.41546 | 0.00002 | 1.00000 |
| 180 | 0.50462 | 0.00004 | 0.87500 | 680 | 0.58744 | 0.00002 | 0.62500 |
| 200 | 0.56042 | 0.00004 | 0.75000 | 700 | 0.61648 | 0.00001 | 0.75000 |
| 220 | 0.46113 | 0.00004 | 1.00000 | 720 | 0.37899 | 0.00001 | 1.00000 |

（續表）

| steps | loss | lr | accuracy | steps | loss | lr | accuracy |
|---|---|---|---|---|---|---|---|
| 240 | 0.44623 | 0.00004 | 1.00000 | 740 | 0.36396 | 0.00001 | 1.00000 |
| 260 | 0.41288 | 0.00004 | 1.00000 | 760 | 0.40311 | 0.00001 | 1.00000 |
| 280 | 0.58074 | 0.00004 | 0.75000 | 780 | 0.51075 | 0.00001 | 0.87500 |
| 300 | 0.43091 | 0.00003 | 1.00000 | 800 | 0.43584 | 0.00001 | 0.87500 |
| 320 | 0.49663 | 0.00003 | 0.87500 | 820 | 0.42680 | 0.00001 | 0.87500 |
| 340 | 0.54175 | 0.00003 | 0.87500 | 840 | 0.44254 | 0.00001 | 1.00000 |
| 360 | 0.44160 | 0.00003 | 1.00000 | 860 | 0.54143 | 0.00001 | 0.75000 |
| 380 | 0.49158 | 0.00003 | 0.75000 | 880 | 0.52444 | 0.00001 | 0.87500 |
| 400 | 0.41845 | 0.00003 | 1.00000 | 900 | 0.66505 | 0.00000 | 0.50000 |
| 420 | 0.50388 | 0.00003 | 0.87500 | 920 | 0.35458 | 0.00000 | 1.00000 |
| 440 | 0.46791 | 0.00003 | 0.87500 | 940 | 0.52619 | 0.00000 | 0.75000 |
| 460 | 0.46282 | 0.00003 | 0.87500 | 960 | 0.48737 | 0.00000 | 0.87500 |
| 480 | 0.38067 | 0.00003 | 1.00000 | 980 | 0.58585 | 0.00000 | 0.75000 |

從表 9-3 可以看出，模型收斂的速度很快，這得益於從 BERT 預訓練模型得到的資料特徵。對於下游任務模型只是非常簡單的一層全連接神經網路，所以訓練的難度很低。能夠觀察到學習率也如預期，即在緩慢地下降。

## 2. 測試

最後，對訓練好的模型進行測試，以驗證訓練的有效性，程式如下：

```
# 第 9 章 / 測試
def test():
    # 定義測試資料集載入器
    loader_test = torch.utils.data.DataLoader(dataset=Dataset('test'),
                                              batch_size=32,
                                              collate_fn=collate_fn,
                                              shuffle=True,
                                              drop_last=True)
    # 將下游任務模型切換到執行模式
    model.eval()
    correct = 0
    total = 0
    # 按批次遍歷測試集中的資料
    for i, (input_ids, attention_mask, token_type_ids,
```

```
            labels) in enumerate(loader_test):
        # 計算 5 個批次即可，不需要全部遍歷
        if i == 5:
            break
        print(i)
        # 計算
        with torch.no_grad():
            out = model(input_ids=input_ids,
                    attention_mask=attention_mask,
                    token_type_ids=token_type_ids)
        pred = out.argmax(dim=1)
        # 統計正確率
        correct += (pred == labels).sum().item()
        total += len(labels)
    print(correct / total)
test()
```

在這段程式中，首先定義了測試資料集和載入器，並取出 5 個批次的資料讓模型進行預測，最後統計正確率並輸出，執行結果如下：

```
0.89375
```

最終模型獲得了約 89.4% 正確率的成績，這驗證了下游任務模型，即使在不訓練 backbone 的情況下也取得一定的成績。

## 9.5　小結

本章透過中文句子關係推斷任務講解了如何使用預訓練的 BERT 模型取出句子對的資料特徵。句子關係推斷也是 BERT 模型本身在訓練時的子任務，所以使用 BERT 模型能很有效地解決句子關係推斷任務。

# 第 10 章

# 實戰任務 4：
# 中文命名實體辨識

## 10.1　任務簡介

標記分類是一個自然語言理解任務，一般可以分為 Named Entity Recognition（NER）和 Part-of-Speech（PoS）兩類。其中，NER 類任務指命名實體辨識，NER 任務是要辨識出自然敘述中的人物、地點、組織結構名稱等命名實體；另一類任務 PoS 指詞性標注，PoS 任務是要辨識出自然敘述中的動詞、名詞、標點符號等。NER 任務和 PoS 任務在神經網路模型中計算的方法幾乎相同，本章將以 NER 為例進行講解。

對於命名實體辨識任務來講，每個字對應一個標記，標識這個字是否屬於某個命名實體，以及處於命名實體的哪一部分，所以在命名實體辨識資料集中，文字資料和標籤資料是嚴格的一一對應關係，見表 10-1。

▼ 表 10-1　命名實體辨識資料範例

| 文字 | 海 | 釣 | 比 | 賽 | 地 | 點 | 在 | 廈 | 門 |
|------|----|----|----|----|----|----|----|-------|-------|
| 標識 | O | O | O | O | O | O | O | B-LOC | I-LOC |
| 文字 | 與 | 金 | 門 | 之 | 間 | 的 | 海 | 域 | 。 |
| 標識 | O | B-LOC | I-LOC | O | O | O | O | O | O |

從表 10-1 可以看出文字中的每個字都有標籤與之對應，標識每個字是否屬於一個命名實體，如果是一個命名實體的一部分，則標出屬於該命名實體的開頭，還是中間和結尾部分。以表中的資料來看，這句話中共有兩個命名實體，分別為「廈門」和「金門」，兩個命名實體均為地點名稱。

從表 10-1 就能很直觀地看出網路模型的計算目標，即透過文字計算出標籤。

## 10.2 資料集介紹

本章所使用的資料集是 people_daily_ner 資料集，這是一個中文的命名實體辨識資料集，people_daily_ner 資料集中的部分資料樣例見表 10-2，透過該表讀者可對 people_daily_ner 資料集有直觀的認識。

▼ 表 10-2　people_daily_ner 資料集資料樣例

| 文字 1 | 如 | 魯 | 迅 | 所 | 批 | 評 | 的 | 標 | 語 | 口 | 號 | 式 | 詩 | 歌 | 。 |
|---|---|---|---|---|---|---|---|---|---|---|---|---|---|---|---|
| 標籤 1 | 0 | 1 | 2 | 0 | 0 | 0 | 0 | 0 | 0 | 0 | 0 | 0 | 0 | 0 | 0 |
| 文字 2 | 克 | 馬 | 爾 | 的 | 女 | 兒 | 讓 | 娜 | 今 | 年 | 讀 | 五 | 年 | 級 | ， |
| 標籤 2 | 1 | 2 | 2 | 0 | 0 | 0 | 1 | 2 | 0 | 0 | 0 | 0 | 0 | 0 | 0 |
| 文字 3 | 參 | 加 | 步 | 行 | 的 | 有 | 男 | 有 | 女 | ， | 有 | 年 | 輕 | 人 | ， |
| 標籤 3 | 0 | 0 | 0 | 0 | 0 | 0 | 0 | 0 | 0 | 0 | 0 | 0 | 0 | 0 | 0 |
| 文字 4 | 沙 | 特 | 隊 | 教 | 練 | 佩 | 雷 | 拉 | ： | 兩 | 支 | 隊 | 都 | 想 | 勝 |
| 標籤 4 | 3 | 4 | 4 | 0 | 0 | 1 | 2 | 2 | 0 | 0 | 0 | 0 | 0 | 0 | 0 |
| 文字 5 | 再 | 看 | 內 | 容 | ， | 圖 | 文 | 並 | 茂 | ， | 簡 | 短 | 的 | 文 | 字 |
| 標籤 5 | 0 | 0 | 0 | 0 | 0 | 0 | 0 | 0 | 0 | 0 | 0 | 0 | 0 | 0 | 0 |
| 文字 6 | 1 | 9 | 9 | 7 | 年 | ， | 瓊 | 斯 | 重 | 返 | 田 | 徑 | 賽 | 場 | 。 |
| 標籤 6 | 0 | 0 | 0 | 0 | 0 | 0 | 1 | 2 | 0 | 0 | 0 | 0 | 0 | 0 | 0 |
| 文字 7 | 又 | 是 | 攀 | 枝 | 花 | 蘇 | 鐵 | 燦 | 然 | 開 | 花 | 的 | 五 | 月 | 。 |
| 標籤 7 | 0 | 0 | 5 | 6 | 6 | 0 | 0 | 0 | 0 | 0 | 0 | 0 | 0 | 0 | 0 |
| 文字 8 | 不 | 久 | 前 | ， | 記 | 者 | 就 | 這 | 些 | 問 | 題 | 赴 | 江 | 西 | 省 |
| 標籤 8 | 0 | 0 | 0 | 0 | 0 | 0 | 0 | 0 | 0 | 0 | 0 | 0 | 3 | 4 | 4 |
| 文字 9 | 貞 | 雅 | 今 | 年 | 3 | 9 | 歲 | ， | 中 | 等 | 身 | 材 | ， | 穿 | 著 |
| 標籤 9 | 1 | 2 | 0 | 0 | 0 | 0 | 0 | 0 | 0 | 0 | 0 | 0 | 0 | 0 | 0 |
| 文字 10 | 壓 | 題 | 照 | 片 | 為 | 吉 | 林 | 省 | 戲 | 校 | 主 | 樓 | 外 | 景 | 。 |
| 標籤 10 | 0 | 0 | 0 | 0 | 0 | 3 | 4 | 4 | 4 | 4 | 0 | 0 | 0 | 0 | 0 |
| 文字 11 | 5 | 月 | 2 | 3 | 日 | 一 | 大 | 早 | ， | 江 | 西 | 省 | 新 | 餘 | 市 |
| 標籤 11 | 0 | 0 | 0 | 0 | 0 | 0 | 0 | 0 | 0 | 5 | 6 | 6 | 5 | 6 | 0 |
| 文字 12 | 據 | 李 | 莊 | 同 | 志 | 回 | 憶 | ， | 裡 | 莊 | 的 | 民 | 風 | 淳 | 樸 |
| 標籤 12 | 0 | 1 | 2 | 0 | 0 | 0 | 0 | 0 | 5 | 6 | 0 | 0 | 0 | 0 | 0 |

（續表）

| 文字 13 | 守 | 門 | 員 | ： | 何 | 一 | 路 | 易 | 斯 | · | 切 | 拉 | 維 | 特 | 、 |
|---|---|---|---|---|---|---|---|---|---|---|---|---|---|---|---|
| 標籤 13 | 0 | 0 | 0 | 0 | 1 | 2 | 2 | 2 | 2 | 2 | 2 | 2 | 2 | 2 | 0 |
| 文字 14 | 老 | 胡 | 一 | 番 | 話 | ， | 我 | 倍 | 受 | 感 | 動 | 和 | 教 | 育 | 。 |
| 標籤 14 | 0 | 1 | 0 | 0 | 0 | 0 | 0 | 0 | 0 | 0 | 0 | 0 | 0 | 0 | 0 |
| 文字 15 | " | 教 | 育 | 村 | " | 綠 | 地 | 如 | 茵 | ， | 樹 | 木 | 婆 | 娑 | 。 |
| 標籤 15 | 0 | 5 | 6 | 6 | 0 | 0 | 0 | 0 | 0 | 0 | 0 | 0 | 0 | 0 | 0 |
| 文字 16 | 在 | 光 | 電 | 磁 | 連 | 接 | 而 | 成 | 的 | " | 地 | 球 | 村 | " | 中 |
| 標籤 16 | 0 | 0 | 0 | 0 | 0 | 0 | 0 | 0 | 0 | 0 | 5 | 6 | 6 | 0 | 0 |
| 文字 17 | 天 | 津 | 青 | 年 | 京 | 劇 | 團 | 進 | 京 | 匯 | 演 | 拉 | 開 | 帷 | 幕 |
| 標籤 17 | 3 | 4 | 4 | 4 | 4 | 4 | 4 | 0 | 5 | 0 | 0 | 0 | 0 | 0 | 0 |
| 文字 18 | 明 | 代 | 大 | 醫 | 藥 | 學 | 家 | 李 | 時 | 珍 | 的 | 父 | 親 | 李 | 言 |
| 標籤 18 | 0 | 0 | 0 | 0 | 0 | 0 | 0 | 1 | 2 | 2 | 0 | 0 | 0 | 1 | 2 |
| 文字 19 | 範 | 小 | 青 | 的 | 長 | 篇 | 新 | 作 | 《 | 百 | 日 | 陽 | 光 | 》 | 。 |
| 標籤 19 | 1 | 2 | 2 | 0 | 0 | 0 | 0 | 0 | 0 | 0 | 0 | 0 | 0 | 0 | 0 |
| 文字 20 | 蘇 | 州 | 醫 | 療 | 器 | 械 | 廠 | 熱 | 心 | 為 | 眼 | 疾 | 患 | 者 | 服 |
| 標籤 20 | 3 | 4 | 4 | 4 | 4 | 4 | 4 | 0 | 0 | 0 | 0 | 0 | 0 | 0 | 0 |

　　從表 10-1 中的標籤可以對照表 10-3。

▼ 表 10-3　people_daily_ner 資料集標籤對照表

| label | 0 | 1 | 2 | 3 | 4 | 5 | 6 |
|---|---|---|---|---|---|---|---|
| name | O | B-PER | I-PER | B-ORG | I-ORG | B-LOC | I-LOC |

下面對表 10-3 中的各個 name 分別介紹。

（1）O：表示不屬於一個命名實體。

（2）B-PER：表示人名的開始。

（3）I-PER：表示人名的中間和結尾部分。

（4）B-ORG：表示組織機構名稱的開始。

（5）I-ORG：表示組織機構名稱的中間和結尾部分。

（6）B-LOC：表示地名的開始。

（7）I-LOC：表示地名的中間和結尾部分。

透過以上講解可以得知，在看到標籤中存在 1,2,2 串時，表示這是一個三個字的人名。同理，1,2 是一個兩個字的人名，3,4,4,4 是一個四個字的組織機構名稱，而 0,2 和 1,6 這樣的組合不可能出現。

## 10.3 模型架構

從資料集的介紹可以看出，輸入文字的數量和標籤是嚴格的一一對應關係，所以這是一個典型的 N to N 任務。可以透過以下想法達到該計算結果，使用一個預訓練模型從文字中取出資料特徵，再對每個字的資料特徵做分類任務，最終即可得到和原文一一對應的標籤序列。按照該想法，可畫出本次任務的計算流程圖，如圖 10-1 所示。

與之前所做的 3 個中文實戰任務不同，本章將連同預訓練模型一起訓練，以提高最終的預測正確率。在之前的 3 個中文實戰任務中，使用的預訓練模型是 bert-base-chinese 模型，這個模型的規模比較大，有大約 1 億個參數，考慮計算量的問題，本章將使用一個規模較小的 hfl/rbt3 模型，該模型的參數量約 3800 萬個，更小的規模方便再訓練。

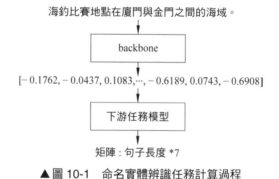

▲ 圖 10-1　命名實體辨識任務計算過程

## 10.4　實現程式

### 10.4.1　準備資料集

#### 1. 使用編碼工具

　　與以往的任務相同，本章依然從載入一個編碼工具開始，不同點在於本章將載入 hfl/rbt3 編碼器，原因在於後續要使用 hfl/rbt3 預訓練模型，從而避免使用笨重的 bert-base-chinese 模型。

　　hfl/rbt3 編碼器的編碼結果基本同 bert-base-chinese 編碼器相同，使用 hfl/rbt3 編碼基本不需要任何學習過程，此處首先載入該編碼器，程式如下：

```
# 第 10 章 / 載入編碼器
from transformers import AutoTokenizer
tokenizer = AutoTokenizer.from_pretrained('hfl/rbt3')
tokenizer
```

　　執行結果如下：

```
PreTrainedTokenizerFast(name_or_path='hfl/rbt3', vocab_size=21128,
model_max_len=1000000000000000019884624838656, is_fast=True, padding_side=
'right', truncation_side='right', special_tokens={'unk_token': '[UNK]', 'sep_
token': '[SEP]', 'pad_token': '[PAD]', 'cls_token': '[CLS]', 'mask_token':
'[MASK]'})
```

　　從輸出中可以看出，hfl/rbt3 編碼使用的特殊符號基本和 bert-base-chinese 編碼器相同。

　　載入編碼工具之後不妨進行一次試算，以更清晰地觀察編碼工具的輸入和輸出，程式如下：

```
# 第 10 章 / 編碼測試
out = tokenizer.batch_encode_plus(
    [[
        '海', '釣', '比', '賽', '地', '點', '在', '廈', '門', '與', '金', '門',
'之', '間',
        '的', '海', '域', '。'
    ],
    [
        '這','座', '依', '山', '傍', '水', '的', '博', '物', '館', '由', '國',
```

```
'內', '一',
        '流', '的', '設', '計', '師', '主', '持', '設', '計', '。'
    ]],
    truncation=True,
    padding=True,
    return_tensors='pt',
    max_length=20,
    is_split_into_words=True)
# 還原編碼為句子
print(tokenizer.decode(out['input_ids'][0]))
print(tokenizer.decode(out['input_ids'][1]))
for k, v in out.items():
    print(k, v)
```

　　在這段程式中，讓編碼工具試編碼了兩個句子，與以往的編碼函式不同，在這個例子中，輸入編碼器的不是完整的句子，而是已經被分割成一個一個字的句子，透過參數 is_split_into_words=True 告訴編碼器輸入的句子是已經分好詞的，不需要再進行分詞工作了。

　　之所以需要這樣做的原因在於，在編碼器編碼句子時字和編碼結果並不一定是一一對應的關係，雖然 BERT 系列的編碼器一般是以字為詞的，但依然有可能忽略某些字，或標點符號，從而導致編碼結果的數量和原句子的字數量不一致，在以往的任務中這點並不是特別重要，但是在命名實體辨識任務中卻不能允許這樣的情況發生，因為在命名實體辨識任務中，原句子中的每個字和標籤是嚴格的一一對應關係，如果原句子編碼之後和標籤不能一一對應，就會導致無法進行後續計算，所以需要透過參數 is_split_into_words=True 來讓編碼器跳過分詞步驟，而分詞這個步驟在編碼前手動完成，從而確保分詞的結果和標籤是嚴格的一一對應關係。

　　從上面的參數說明可以看出，經過編碼之後的句子一定是確定的 20 個詞的長度。如果超出，則會被截斷，如果不足，則會被補充 PAD，執行結果如下：

```
[CLS] 海釣比賽地點在廈門與金門之間的海域。 [SEP]
[CLS] 這座依山傍水的博物館由國內一流的設計 [SEP]
input_ids tensor([[ 101, 3862, 7157, 3683, 6612, 1765, 4157, 1762, 1336, 7305,
680, 7032,
        7305, 722, 7313, 4638, 3862, 1818, 511, 102],
        [ 101, 6821, 2429, 898, 2255, 988, 3717, 4638, 1300, 4289, 7667, 4507,
        1744, 1079, 671, 3837, 4638, 6392, 6369, 102]])
token_type_ids tensor([[0, 0, 0, 0, 0, 0, 0, 0, 0, 0, 0, 0, 0, 0, 0, 0, 0, 0, 0, 0],
```

```
        [0, 0, 0, 0, 0, 0, 0, 0, 0, 0, 0, 0, 0, 0, 0, 0, 0, 0, 0, 0]])
attention_mask tensor([[1, 1, 1, 1, 1, 1, 1, 1, 1, 1, 1, 1, 1, 1, 1, 1, 1, 1, 1, 1],
        [1, 1, 1, 1, 1, 1, 1, 1, 1, 1, 1, 1, 1, 1, 1, 1, 1, 1, 1, 1]])
```

　　編碼時的其他參數和編碼結果在「編碼工具」一章已有詳細解讀，此處不再
贅述，如果讀者對編碼結果還不理解，則可以參考「編碼工具」一章。

## 2. 定義資料集

　　如前所述，本次任務需要使用的資料集為 people_daily_ner，定義資料集的程
式如下：

```python
# 第 10 章 / 定義資料集
import torch
from datasets import load_dataset, load_from_disk
class Dataset(torch.utils.data.Dataset):
    def __init__(self, split):
        # 線上載入資料集
        #dataset = load_dataset(path='people_daily_ner', split=split)
        # 離線載入資料集
        dataset = load_from_disk(
            dataset_path='./data/people_daily_ner')[split]
        self.dataset = dataset
        #dataset.features['ner_tags'].feature.num_classes
        #7
        #dataset.features['ner_tags'].feature.names
        #['O', 'B-PER', 'I-PER', 'B-ORG', 'I-ORG', 'B-LOC', 'I-LOC']
    def __len__(self):
        return len(self.dataset)
    def __getitem__(self, i):
        tokens = self.dataset[i]['tokens']
        labels = self.dataset[i]['ner_tags']
        return tokens, labels
dataset = Dataset('train')
tokens, labels = dataset[0]
print(tokens), print(labels)
len(dataset)
```

　　在這段程式中，列舉出了兩種載入資料集的方法，分別為線上載入和離線載
入，讀者可以根據自己的網路環境選擇其中的一種方法，離線載入所需要的資料
檔案可在本書的書附程式中找到。

　　載入資料集之後可以查看資料集的標籤數量和各個標籤的名稱，相應的結果
已經被寫在註釋中，讀者可以自行執行並查看。

在 people_daily_ner 資料集中，每筆資料包括兩個欄位，即 tokens 和 ner_tags，分別代表句子和標籤，在 __getitem__() 函式中把這兩個欄位取出並傳回即可。

在程式的最後初始化訓練資料集，並查看訓練資料集的長度和一筆資料樣例，執行結果如下：

```
['海', '釣', '比', '賽', '地', '點', '在', '廈', '門', '與', '金', '門', '之',
'間', '的', '海', '域', '。']
[0, 0, 0, 0, 0, 0, 0, 5, 6, 0, 5, 6, 0, 0, 0, 0, 0, 0]
20865
```

可見，訓練資料集包括 20865 筆資料，每筆資料包括一筆分好詞的文字和一個標籤串列。值得注意的是，此處的資料依然是文字資料，還沒有被編碼器編碼。

### 3. 定義計算裝置

關於計算裝置在「第 7 章 實戰任務 1：中文情感分類」中已經詳細介紹過，此處不再贅述，僅列舉出程式，程式如下：

```
# 第 10 章 / 定義計算裝置
device = 'cpu'
if torch.cuda.is_available():
    device = 'CUDA'
device
```

執行結果如下：

```
'CUDA'
```

由於本次任務需要對預訓練模型進行再訓練，計算量會大於以往的任務，最好能在 CUDA 裝置上執行本任務，在 CPU 上可能會消耗很多時間。

### 4. 定義資料整理函式

與以往的任務一樣，在本次任務中，資料的處理依然是以批為單位的，而非一筆一筆地進行處理，所以需要一個資料整理函式，把一批資料整理成需要的格式，具體實現如下：

```
# 第 10 章 / 定義資料整理函式
def collate_fn(data):
```

```
tokens = [i[0] for i in data]
labels = [i[1] for i in data]
# 編碼
inputs = tokenizer.batch_encode_plus(tokens,
                                     truncation=True,
                                     padding=True,
                                     return_tensors='pt',
                                     max_length=512,
                                     is_split_into_words=True)
# 求一批資料中最長的句子長度
lens = inputs['input_ids'].shape[1]
# 在 labels 的頭尾補充 7，把所有的 labels 補充成統一的長度
for i in range(len(labels)):
    labels[i] = [7] + labels[i]
    labels[i] += [7] * lens
    labels[i] = labels[i][:lens]
# 把編碼結果移動到計算裝置
for k, v in inputs.items():
    inputs[k] = v.to(device)
# 把統一長度的 labels 組裝成矩陣，並移動到計算裝置
labels = torch.LongTensor(labels).to(device)
return inputs, labels
```

在這段程式中，傳入參數的 data 表示一批資料，取出其中的句子和標籤，分別為兩個 list。

使用編碼工具編碼這一批句子，在參數指定了編碼後的結果最長為 512 個詞，超過 512 個詞的句子將被截斷。

在一批句子中有的句子長，有的句子短，為了便於網路處理，需要把這些資料整理成矩陣的形式，要求這些句子有相同的長度，參數 padding=True 會對這批句子補充 PAD，使它們具有同樣的長度，具體長度取決於這一個批次中最長的句子有多長，該過程如圖 10-2 所示。

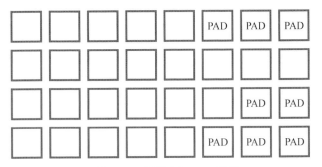

▲圖 10-2 動態補充 PAD 示意

在編碼時，透過參數 return_tensors='pt' 讓編碼的結果為 PyTorch 的 Tensor 格式，從而免去了後續轉換資料格式的麻煩。

參數 is_split_into_words=True 告知編碼器這些句子是已經分詞完畢的，不需要再次執行分詞工作，原因在本章開頭已經介紹過，此處不再贅述。

完成文字的編碼之後，需要對 labels 進行填充。和文字一樣，labels 也是長短不一的，labels 和對應的文字長度一致，為了把 labels 也轉換成便於處理的矩陣，需要對 labels 進行填充，讓所有的 labels 的長度一致。具體的做法是在所有 labels 的開頭插入一個標籤 7，對應文字開頭會被插入的 [CLS] 標籤，之後在 labels 的尾部也填充 7，直到 labels 的長度達到當前批次中最長的句子的長度。經過以上操作之後，當前批次中所有的 labels 的長度都一致，即可轉為矩陣，便於後續的計算。

最後把所有的矩陣都轉移到之前定義好的計算裝置上，方便後續的模型計算。

定義好了資料整理函式，不妨假定一批資料，讓資料整理函式進行試算，以觀察資料整理函式的輸入和輸出，程式如下：

```
# 第 10 章 / 資料整理函式試算
# 模擬一批資料
data = [
    ([
        '海', '釣', '比', '賽', '地', '點', '在', '廈', '門', '與', '金', '門',
'之', '間',
        '的', '海', '域', '。'
    ], [0, 0, 0, 0, 0, 0, 0, 5, 6, 0, 5, 6, 0, 0, 0, 0, 0, 0]),
    ([
        '這', '座', '依', '山', '傍', '水', '的', '博', '物', '館', '由', '國',
'內', '一',
        '流', '的', '設', '計', '師', '主', '持', '設', '計', '，', '整', '個',
'建', '築',
        '群', '精', '美', '而', '恢', '宏', '。'
    ], [
        0, 0, 0, 0, 0, 0, 0, 0, 0, 0, 0, 0, 0, 0, 0, 0, 0, 0, 0, 0, 0, 0, 0, 0, 0, 0,
        0, 0, 0, 0, 0, 0, 0, 0, 0
    ]),
]
# 試算
inputs, labels = collate_fn(data)
```

```
for k, v in inputs.items():
    print(k, v.shape)
print('labels', labels.shape)
```

在這段程式中先虛擬了一批資料，這批資料中包括兩個句子，輸入資料整理函式後，執行結果如下：

```
input_ids torch.Size([2, 37])
token_type_ids torch.Size([2, 37])
attention_mask torch.Size([2, 37])
labels torch.Size([2, 37])
```

從編碼結果可以看出，當前批次中最長的句子有 36 個詞。

## 5. 定義資料集載入器

關於資料集載入器在第 7 章中已經詳細介紹過，此處不再贅述，僅列舉出程式，程式如下：

```
# 第 10 章 / 資料集載入器
loader = torch.utils.data.DataLoader(dataset=dataset,
                                     batch_size=16,
                                     collate_fn=collate_fn,
                                     shuffle=True,
                                     drop_last=True)
len(loader)
```

執行結果如下：

```
1304
```

可見訓練資料集載入器一共執行了 1304 個批次。

定義好了資料集載入器之後，可以查看一批資料樣例，程式如下：

```
# 第 10 章 / 查看資料樣例
for i, (inputs, labels) in enumerate(loader):
    break
print(tokenizer.decode(inputs['input_ids'][0]))
print(labels[0])
for k, v in inputs.items():
    print(k, v.shape)
```

執行結果如下：

```
[CLS] 按 照 歐 洲 經 貨 聯 盟 的 進 程 , 他 將 是 最 後 一 任 局 長 。 [SEP] [PAD] [PAD]
[PAD] [PAD] [PAD] [PAD] [PAD] [PAD] [PAD] [PAD] [PAD] [PAD] [PAD] [PAD] [PAD]
[PAD] [PAD] [PAD] [PAD] [PAD] [PAD] [PAD] [PAD] [PAD] [PAD] [PAD] [PAD] [PAD]
[PAD] [PAD]
tensor([7, 0, 0, 3, 4, 4, 4, 4, 4, 0, 0, 0, 0, 0, 0, 0, 0, 0, 0, 0, 0, 0, 0, 7,
        7, 7, 7, 7, 7, 7, 7, 7, 7, 7, 7, 7, 7, 7, 7, 7, 7, 7, 7, 7, 7, 7, 7,
        7, 7, 7, 7, 7, 7], device='CUDA:0')
input_ids torch.Size([16, 54])
token_type_ids torch.Size([16, 54])
attention_mask torch.Size([16, 54])
```

這個結果其實就是資料整理函式的計算結果，只是句子的數量更多。

## 10.4.2 定義模型

### 1. 載入預訓練模型

如上所述，本章將使用 hfl/rbt3 模型作為預訓練模型，程式如下：

```
# 第 10 章 / 載入預訓練模型
from transformers import AutoModel
pretrained = AutoModel.from_pretrained('hfl/rbt3')
pretrained.to(device)
# 統計參數量
print(sum(i.numel() for i in pretrained.parameters()) / 10000)
```

和以往任務中載入預訓練模型的方法幾乎相同，僅在載入函式中修改模型的
名稱即可。在程式的最後，輸出了模型的參數量，執行結果如下：

```
3847.68
```

定義好預訓練模型之後，可以進行一次試算，觀察模型的輸入和輸出，程式
如下：

```
# 第 10 章 / 模型試算
#[b, lens] -> [b, lens, 768]
pretrained(**inputs).last_hidden_state.shape
```

執行結果如下：

```
torch.Size([16, 54, 768])
```

樣例資料為 16 句話的編碼結果，從預訓練模型的計算結果可以看出，這也是 16 句話的結果，每句話包括 54 個詞，每個詞被抽成了一個 768 維的向量。到此為止，透過預訓練模型成功地把 16 句話轉為一個特徵向量矩陣，可以連線下游任務模型做分類或回歸任務。

**2. 定義下游任務模型**

完成以上工作後，現在可以定義下游任務模型了。與以往的任務不同，本章將對預訓練模型進行再訓練，並且本章將使用兩段式訓練，所以要求下游任務模型能夠切換微調（Fine Tuning）模式。

什麼是兩段式訓練？兩段式訓練是一種訓練技巧，指先單獨對下游任務模型進行一定的訓練，待下游任務模型掌握了一定的知識以後，再連同預訓練模型和下游任務模型一起進行訓練的模式。

可以把這個過程想像為一條管線上的兩個工作，上游的是熟練工，下游的是生疏工人。一開始生疏的工人沒有任何知識，當生產出錯時，我們就會要求生疏的工人改進工作方法，而不會懷疑熟練工的工作方法。

在這個階段如果要求熟練工人改進，則反而會導致他懷疑以往累積的知識是否是正確的，他會為了配合糟糕的生疏工人而錯誤地修改自己的生產方法，這顯然並不是我們想要的。

所以應該先訓練生疏工人，把生疏工人訓練成一個半熟練的工人，此時生產的正確率已經難以上升，再讓兩個工人共同訓練，以最佳化生產的正確率，這就是兩段式訓練的思想。

綜上所述，為了支援兩段式訓練，需要下游任務模型能夠切換微調模式，所謂的微調模式即連同預訓練模型和下游任務模型一起訓練的模式，反之，則為單獨訓練下游任務模型，具體實現程式如下：

```
# 第 10 章 / 定義下游模型
class Model(torch.nn.Module):
    def __init__(self):
        super().__init__()
        # 標識當前模型是否處於 tuning 模式
        self.tuning = False
        # 當處於 tuning 模式時 backbone 應該屬於當前模型的一部分，否則該變數為空
        self.pretrained = None
```

```
        # 當前模型的神經網路層
        self.rnn = torch.nn.GRU(input_size=768, hidden_size=768 ,
batch_first= True)
        self.fc = torch.nn.Linear(in_features=768, out_features=8)
    def forward(self, inputs):
        # 根據當前模型是否處於 tuning 模式而使用外部 backbone 或內部 backbone 計算
        if self.tuning:
            out = self.pretrained(**inputs).last_hidden_state
        else:
            with torch.no_grad():
                out = pretrained(**inputs).last_hidden_state
        #backbone 取出的特徵輸入 RNN 網路進一步取出特徵
        out, _ = self.rnn(out)
        #RNN 網路取出的特徵最後輸入 FC 神經網路分類
        out = self.fc(out).Softmax(dim=2)
        return out
    # 切換下游任務模型的 tuning 模式
    def fine_tuning(self, tuning):
        self.tuning = tuning
        #tuning 模式時，訓練 backbone 的參數
        if tuning:
            for i in pretrained.parameters():
                i.requires_grad = True
            pretrained.train()
            self.pretrained = pretrained
        # 非 tuning 模式時，不訓練 backbone 的參數
        else:
            for i in pretrained.parameters():
                i.requires_grad_(False)
            pretrained.eval()
            self.pretrained = None
model = Model()
model.to(device)
model(inputs).shape
```

這段程式定義並初始化了下游任務模型，在下游任務模型的 __init__() 函式中有兩個重要的變數，即 tuning 和 pretrained，其中 tuning 為布林型變數，設定值為 True 和 False，它表示了當前模型是否處於微調模式，預設值為 False，即非微調模式。pretrained 代表了預訓練模型，當處於微調模式時預訓練模型應該屬於當前模型的一部分，反之則不屬於，預設為 None，即預訓練模型不屬於當前模型的一部分。

在 __init__() 函式中還定義了下游任務模型的兩個網路層，即是循環神經網路層和全連接神經網路層，分別命名為 rnn 和 fc，其中循環神經網路的實現為 GRU 網路。

forward() 函式定義了下游任務模型的計算過程，首先判斷當前模型是否處於微調模式，如果處於微調模式，則使用內部的預訓練模型，否則使用外部的預訓練模型，並且不計算預訓練模型的梯度。得到預訓練模型取出的文字特徵後，把文字特徵輸入循環神經網路進一步取出特徵，最後把特徵資料登錄全連接神經網路做分類即可。

為什麼需要循環神經網路層？這是一個想當然的想法，因為標籤串列也可以看作一句話，這句「話」也符合一定的統計規律，例如人名的中間部分（I-PER）一定出現在人名的開頭（B-PER）之後，所以把預訓練模型取出的文字特徵也當作一個序列資料進行處理，輸入循環神經網路再次取出特徵，最後做分類計算，期望可以得到更好的結果。讀者也可以嘗試移除，或增加其他的層，來提高模型預測的正確率，深度學習任務中往往有很多這樣的嘗試性實驗。

一般的 PyTorch 模型定義 __init__() 函式和 forward() 函式就可以了，但是在上面的模型中還定義了 fine_tuning() 函式，這個函式就是要切換下游任務模型的微調模型，傳入參數為一個布林值，設定值為 True 和 False。如前所述，當切換到微調模式時，把預訓練模型作為下游任務模型的一部分，並且解凍預訓練模型的參數，讓它們隨著訓練更新、最佳化，並且把預訓練模型切換到訓練模型。

反之，不處於微調模式時要凍結預訓練模型的參數，不讓它們隨著訓練更新，並且預訓練模型不屬於下游任務模型的一部分，要把預訓練模型切換到執行模式。

在程式的最後對下游任務模型進行了試算，傳入參數即為之前看到的資料樣例，執行結果 如下：

```
torch.Size([16, 54, 8])
```

從結果可以看出，運算的結果為 16 句話，54 個詞，每個詞為 8 分類結果。

## 10.4.3 訓練和測試

### 1. 兩個工具函式

　　為了便於後續的訓練和測試，需要定義兩個工具函式，第 1 個函式的功能是對計算結果和 labels 變形，並且移除 PAD，需要這個函式的原因是因為在一批資料中，往往會有很多 PAD，對這些 PAD 去計算它們的命名實體是沒有意義的，顯然它們不可能是任何的命名實體，為了不讓模型去研究這些 PAD 是什麼東西，直接從計算結果中移除這些 PAD，以防止模型做無用功。實現程式如下：

```
# 第 10 章 / 對計算結果和 labels 變形，並且移除 PAD
def reshape_and_remove_pad(outs, labels, attention_mask):
    # 變形，便於計算 loss
    #[b, lens, 8] -> [b*lens, 8]
    outs = outs.reshape(-1, 8)
    #[b, lens] -> [b*lens]
    labels = labels.reshape(-1)
    # 忽略對 PAD 的計算結果
    #[b, lens] -> [b*lens - pad]
    select = attention_mask.reshape(-1) == 1
    outs = outs[select]
    labels = labels[select]
    return outs, labels
reshape_and_remove_pad(torch.randn(2, 3, 8), torch.ones(2, 3),
                       torch.ones(2, 3))
```

　　在這段程式中，首先把模型的預測結果和 labels 都從多句話合併成一句話，合併的方式就是簡單地進行頭尾相接，這樣能夠方便後續計算 loss。

　　移除 PAD 時使用編碼結果中的 attention_mask，attention_mask 標記了一個句子中哪些位置是 PAD，attention_mask 中只有 0 和 1，其中 0 表示是 PAD 的位置，使用 attention_mask 可以很輕鬆地過濾掉結果中的 PAD。

　　在程式的最後使用一批虛擬的資料試算該函式，執行結果如下：

```
(tensor([[ 0.0291,  0.5538, -0.6427,  0.5524, -0.3672,  1.1282,  1.3546,  1.3098],
         [-1.6091, -0.6178, -1.8915, -0.6785,  1.8442,  0.1800, -1.1797,  0.9228],
         [-1.3673,  0.1874, -0.0652,  1.4556,  1.4159,  1.8392,  0.5031,  0.9490],
         [-0.0035,  1.4326,  0.2621,  1.3923,  0.7450, -2.0021, -2.8821,  0.0661],
         [ 0.1377, -1.2215, -2.0415, -1.1509,  0.1217, -0.5679,  1.2549,  1.0358],
         [-0.4724,  0.2421, -0.2521,  2.6841,  1.3514,  0.5778,  0.2485, -0.4031]]),
 tensor([1., 1., 1., 1., 1., 1.]))
```

虛擬資料中的 2×3×8 矩陣表示 2 句話、3 個詞、每個詞 8 分類的預測結果，第 1 個 2×3 矩陣表示真實的 labels，第 2 個 2×3 的矩陣表示 attention_mask，因為全為 1，所以全部保留，沒有 PAD。最後計算的結果也確實全部保留了預測結果和 labels，並且預測結果和 labels 被變形成一句話，和預期一致。

第 2 個函式用於計算預測結果中預測正確了多少個，以及一共有多少個預測結果，程式如下：

```
# 第 10 章 / 獲取正確數量和總數
def get_correct_and_total_count(labels, outs):
    #[b*lens, 8] -> [b*lens]
    outs = outs.argmax(dim=1)
    correct = (outs == labels).sum().item()
    total = len(labels)
    # 計算除了 0 以外元素的正確率，因為 0 太多了，所以正確率很容易虛高
    select = labels != 0
    outs = outs[select]
    labels = labels[select]
    correct_content = (outs == labels).sum().item()
    total_content = len(labels)
    return correct, total, correct_content, total_content
get_correct_and_total_count(torch.ones(16), torch.randn(16, 8))
```

這個函式的傳入參數已經過上一個函式的處理，所以預測結果和 labels 都已經是一句話了，而非多句話。

在函式實現中，一共計算了兩對正確數量和總數，它們的區別是一套計算了 0 這個標籤，另一套則排除了 0 個標籤。

之所以需要計算兩套，是因為在 labels 中各個標籤的分佈並不是均勻的，0 這個標籤的數量特別多，如果在計算正確率時包括 0 這個標籤，則正確率很容易虛高。因為模型只要猜標籤都是 0 就可以取得很高的正確率，為了排除標籤 0 特別高，而導致的正確率虛高的問題，此處需要計算另一套正確數量和總數，即排除標籤 0 後的正確數量和總數。

在程式的最後虛擬了資料對函式進行試算，執行結果如下：

```
(2, 16, 2, 16)
```

因為虛擬的 labels 全部是 1，並沒有出現標籤 0 的情況，所以統計得出的兩套正確數量和總數相等。

## 2. 訓練

經過以上準備工作後，現在可以定義訓練函式了，程式如下：

```
# 第 10 章 / 訓練
from transformers import AdamW
from transformers.optimization import get_scheduler
def train(epochs):
    lr = 2e-5 if model.tuning else 5e-4
    optimizer = AdamW(model.parameters(), lr=lr)
    criterion = torch.nn.CrossEntropyLoss()
    scheduler = get_scheduler(name='linear',
                     num_warmup_steps=0,
                     num_training_steps=len(loader) * epochs,
                     optimizer=optimizer)
    model.train()
    for epoch in range(epochs):
        for step, (inputs, labels) in enumerate(loader):
            # 模型計算
            #[b, lens] -> [b, lens, 8]
            outs = model(inputs)
            # 對 outs 和 labels 變形，並且移除 PAD
            #outs -> [b, lens, 8] -> [c, 8]
            #labels -> [b, lens] -> [c]
            outs, labels = reshape_and_remove_pad(outs, labels,
                                        inputs['attention_mask'])
            # 梯度下降
            loss = criterion(outs, labels)
            loss.backward()
            optimizer.step()
            scheduler.step()
            optimizer.zero_grad()
            if step % (len(loader) * epochs //30) == 0:
                counts = get_correct_and_total_count(labels, outs)
                accuracy = counts[0] / counts[1]
                accuracy_content = counts[2] / counts[3]
                lr = optimizer.state_dict()['param_groups'][0]['lr']
                print(epoch, step, loss.item(), lr, accuracy, accuracy_content)
    torch.save(model, 'model/ 中文命名實體辨識 .model')
```

訓練函式接受一個參數 epochs，表示要使用全量資料訓練幾個輪次，由於是兩段式訓練，在兩個階段分別進行訓練的輪次可能不一樣，所以需要這個參數。

與以往的任務不同，由於採用了兩段式訓練，所以會根據模型是否處於微調模式選擇不同的 Learning Rate，在非微調模式時選擇較大的 Learning Rate，以快

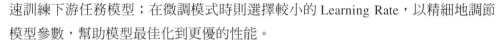

速訓練下游任務模型；在微調模式時則選擇較小的 Learning Rate，以精細地調節模型參數，幫助模型最佳化到更優的性能。

之後定義了最佳化器、loss 計算函式、學習率調節器。這 3 個工具在「實戰任務 1：中文情感分類」一章中已經詳細介紹過，此處不再贅述。

需要注意的是，最佳化器最佳化的參數表為下游任務模型的所有參數，因為下游任務模型存在微調模式的問題，在非微調模式下，預訓練模型並不屬於下游任務模型的一部分，所以最佳化器最佳化的參數量會比較少，僅包含下游任務模型本身的參數。而在微調模式下，預訓練模型屬於下游任務模型的一部分，所以最佳化器最佳化的參數表也會包括預訓練模型，這也是為什麼要在切換微調模式時，設置下游任務模型的 pretrained 屬性的原因。

接下來把下游任務模型切換到訓練模式，並且在全量訓練資料上遍歷 epochs 個輪次，對模型進行訓練。訓練過程如下所述：

（1）從資料集載入器中獲取一個批次的資料。

（2）讓模型計算預測結果。

（3）使用工具函式對預測結果和 labels 進行變形，移除預測結果和 labels 中的 PAD。

（4）計算 loss 並執行梯度下降最佳化模型參數。

（5）每隔一定的 steps，輸出一次模型當前的各項資料，便於觀察。

（6）每訓練完一個 epoch，將模型的參數儲存到磁碟。

## 3.　兩段式訓練

完成以上工作之後，就可以進行兩段式訓練的第 1 步了，程式如下：

```
# 第 10 章 / 兩段式訓練第 1 步，訓練下游任務模型
model.fine_tuning(False)
print(sum(p.numel() for p in model.parameters()) / 10000)
train(1)
```

在這段程式中，首先把下游任務模型切換到非微調模式，之後輸出了模型的參數量，由於預訓練模型並不屬於下游任務模型的一部分，所以此處期待的參數量應該稍小，最後在全量資料上訓練 1 個輪次，執行結果如下：

```
354.9704
```

可以看到在非微調模式下，下游任務模型的參數量為 354 萬。訓練過程的輸出見表 10-4。

▼ 表 10-4 第一階段訓練輸出

| epoch | steps | loss | lr | accuracy | accuracy_content |
|---|---|---|---|---|---|
| 0 | 0 | 2.07508 | 0.00050 | 0.16785 | 0.10345 |
| 0 | 43 | 1.39399 | 0.00048 | 0.88058 | 0.15517 |
| 0 | 86 | 1.43706 | 0.00047 | 0.83735 | 0.23022 |
| 0 | 129 | 1.36416 | 0.00045 | 0.91008 | 0.32653 |
| 0 | 172 | 1.39929 | 0.00043 | 0.87485 | 0.23529 |
| 0 | 215 | 1.34419 | 0.00042 | 0.92991 | 0.34783 |
| 0 | 258 | 1.37513 | 0.00040 | 0.89892 | 0.29907 |
| 0 | 301 | 1.46982 | 0.00038 | 0.80423 | 0.17778 |
| 0 | 344 | 1.41084 | 0.00037 | 0.86348 | 0.21053 |
| 0 | 387 | 1.40618 | 0.00035 | 0.86787 | 0.25197 |
| 0 | 430 | 1.34309 | 0.00033 | 0.93099 | 0.37647 |
| 0 | 473 | 1.38146 | 0.00032 | 0.89258 | 0.27586 |
| 0 | 516 | 1.33311 | 0.00030 | 0.94095 | 0.40506 |
| 0 | 559 | 1.44887 | 0.00029 | 0.82519 | 0.16580 |
| 0 | 602 | 1.41702 | 0.00027 | 0.85714 | 0.27119 |
| 0 | 645 | 1.38288 | 0.00025 | 0.89130 | 0.26230 |
| 0 | 688 | 1.33721 | 0.00024 | 0.93683 | 0.40506 |
| 0 | 731 | 1.44161 | 0.00022 | 0.83241 | 0.17391 |
| 0 | 774 | 1.42223 | 0.00020 | 0.85180 | 0.23704 |
| 0 | 817 | 1.42237 | 0.00019 | 0.85165 | 0.22857 |
| 0 | 860 | 1.36208 | 0.00017 | 0.91194 | 0.26230 |
| 0 | 903 | 1.43938 | 0.00015 | 0.83467 | 0.20513 |
| 0 | 946 | 1.41155 | 0.00014 | 0.86247 | 0.21333 |
| 0 | 989 | 1.35191 | 0.00012 | 0.92213 | 0.33684 |
| 0 | 1032 | 1.41537 | 0.00010 | 0.85865 | 0.23022 |
| 0 | 1075 | 1.36020 | 0.00009 | 0.91381 | 0.32000 |
| 0 | 1118 | 1.32320 | 0.00007 | 0.95082 | 0.43243 |
| 0 | 1161 | 1.34013 | 0.00005 | 0.93388 | 0.40000 |

（續表）

| epoch | steps | loss | lr | accuracy | accuracy_content |
|---|---|---|---|---|---|
| 0 | 1204 | 1.34616 | 0.00004 | 0.92794 | 0.32990 |
| 0 | 1247 | 1.45413 | 0.00002 | 0.81991 | 0.17391 |
| 0 | 1290 | 1.38591 | 0.00000 | 0.88812 | 0.28319 |

從表 10-4 可以看出，隨著訓練步驟的增多，loss 收斂得很快，並且正確率已經很高，即達到了 85%，但排除 labels 中的 0 之後，正確率卻只有 25%，可見正確率是虛高的。

接下來可以進行兩段式訓練的第二階段，程式如下：

```
# 第 10 章 / 兩段式訓練第 2 步，同時訓練下游任務模型和預訓練模型
model.fine_tuning(True)
print(sum(p.numel() for p in model.parameters()) / 10000)
train(5)
```

在這段程式中，把下游任務模型切換到微調模式，這表示預訓練模型將被一起訓練。程式中輸出了當前下游任務模型的參數量，由於預訓練模型已經屬於下游任務模型的一部分，因此此處的參數量期望會比較大，最後在全量資料上執行 5 個輪次的訓練，執行結果如下：

```
4202.6504
```

可見切換到微調模式後，下游任務模型的參數量增加到 4200 萬個，由於採用了較小的預訓練模型，所以這個參數量的規模依然較小，即使在一顆 CPU 上訓練這個任務，時間也應該在可接受的範圍內。訓練過程的輸出見表 10-5。

▼ 表 10-5　第二階段訓練輸出

| epoch | steps | loss | lr | accuracy | accuracy_content |
|---|---|---|---|---|---|
| 0 | 0 | 1.39651 | 0.00002 | 0.87748 | 0.24427 |
| 0 | 217 | 1.28862 | 0.00002 | 0.98527 | 0.75000 |
| 0 | 434 | 1.35506 | 0.00002 | 0.91930 | 0.48819 |
| 0 | 651 | 1.28943 | 0.00002 | 0.98387 | 0.82258 |
| 0 | 868 | 1.30688 | 0.00002 | 0.96764 | 0.83051 |
| 0 | 1085 | 1.28868 | 0.00002 | 0.98503 | 0.91589 |
| 0 | 1302 | 1.29080 | 0.00002 | 0.98207 | 0.82895 |

（續表）

| epoch | steps | loss | lr | accuracy | accuracy_content |
|---|---|---|---|---|---|
| 1 | 0 | 1.30445 | 0.00002 | 0.96940 | 0.80451 |
| 1 | 217 | 1.27802 | 0.00002 | 0.99710 | 0.97183 |
| 1 | 434 | 1.28768 | 0.00001 | 0.98539 | 0.93750 |
| 1 | 651 | 1.30215 | 0.00001 | 0.97259 | 0.86842 |
| 1 | 868 | 1.28568 | 0.00001 | 0.98833 | 0.92437 |
| 1 | 1085 | 1.28313 | 0.00001 | 0.99251 | 0.94565 |
| 1 | 1302 | 1.28193 | 0.00001 | 0.99288 | 0.96622 |
| 2 | 0 | 1.28462 | 0.00001 | 0.98989 | 0.95313 |
| 2 | 217 | 1.28221 | 0.00001 | 0.99290 | 0.98000 |
| 2 | 434 | 1.28458 | 0.00001 | 0.98945 | 0.93204 |
| 2 | 651 | 1.28043 | 0.00001 | 0.99368 | 0.93939 |
| 2 | 868 | 1.27903 | 0.00001 | 0.99525 | 0.99145 |
| 2 | 1085 | 1.29486 | 0.00001 | 0.98172 | 0.99359 |
| 2 | 1302 | 1.28952 | 0.00001 | 0.98396 | 0.93396 |
| 3 | 0 | 1.27765 | 0.00001 | 0.99565 | 0.98058 |
| 3 | 217 | 1.28233 | 0.00001 | 0.99175 | 0.92857 |
| 3 | 434 | 1.27795 | 0.00001 | 0.99743 | 0.98936 |
| 3 | 651 | 1.27691 | 0.00001 | 0.99746 | 1.00000 |
| 3 | 868 | 1.28578 | 0.00001 | 0.98703 | 0.94118 |
| 3 | 1085 | 1.27547 | 0.00000 | 0.99856 | 0.98969 |
| 3 | 1302 | 1.28833 | 0.00000 | 0.98736 | 0.93289 |
| 4 | 0 | 1.30917 | 0.00000 | 0.96628 | 0.86719 |
| 4 | 217 | 1.28267 | 0.00000 | 0.99134 | 0.96078 |
| 4 | 434 | 1.28588 | 0.00000 | 0.98862 | 0.93396 |
| 4 | 651 | 1.27632 | 0.00000 | 0.99730 | 1.00000 |
| 4 | 868 | 1.28863 | 0.00000 | 0.98551 | 0.91729 |
| 4 | 1085 | 1.27492 | 0.00000 | 1.00000 | 1.00000 |
| 4 | 1302 | 1.27954 | 0.00000 | 0.99417 | 0.96269 |

從表 10-5 可以看出，在本次的訓練中不僅整體正確率上升了，排除標籤 0 之後的正確率也上升了。

## 4. 測試

最後，對訓練好的模型進行測試，以驗證訓練的有效性，程式如下：

```
# 第 10 章 / 測試
def test():
    # 載入訓練完的模型
    model_load = torch.load('model/ 中文命名實體辨識 .model')
    model_load.eval()
    model_load.to(device)
    # 測試資料集載入器
    loader_test = torch.utils.data.DataLoader(dataset=Dataset('validation'),
                                              batch_size=128,
                                              collate_fn=collate_fn,
                                              shuffle=True,
                                              drop_last=True)
    correct = 0
    total = 0
    correct_content = 0
    total_content = 0
    # 遍歷測試資料集
    for step, (inputs, labels) in enumerate(loader_test):
        # 測試 5 個批次即可，不用全部遍歷
        if step == 5:
            break
        print(step)
        # 計算
        with torch.no_grad():
            #[b, lens] -> [b, lens, 8] -> [b, lens]
            outs = model_load(inputs)
        # 對 outs 和 labels 變形，並且移除 PAD
        #outs -> [b, lens, 8] -> [c, 8]
        #labels -> [b, lens] -> [c]
        outs, labels = reshape_and_remove_pad(outs, labels,
                                              inputs['attention_mask'])
        # 統計正確數量
        counts = get_correct_and_total_count(labels, outs)
        correct += counts[0]
        total += counts[1]
        correct_content += counts[2]
        total_content += counts[3]
    print(correct / total, correct_content / total_content)
test()
```

在這段程式中，首先從磁碟載入了訓練完畢的模型，然後把模型切換到執行模式，再把模型移動到定義好的計算裝置上。

　　完成模型的載入之後，定義測試資料集和載入器，並取出 5 個批次的資料讓模型進行預測，最後統計兩個正確率並輸出，兩個正確率之間的區別是一個統計了標籤 0，另一個則沒有，執行結果如下：

```
0
1
2
3
4
0.9879000658286574 0.9409127954360228
```

　　經過 5 個批次的測試之後，最終模型獲得了 98.8% 和 94.1% 的正確率的成績，兩個正確率之間的差距還是比較大的。考慮到這是一個 8 分類的任務，當前的正確率已經驗證了模型的有效性。

## 5. 預測

　　驗證了模型的有效性之後，可以進行一些預測，以更直觀地觀察模型的預測結果，程式如下：

```
# 第 10 章 / 預測
def predict():
    # 載入模型
    model_load = torch.load('model/ 中文命名實體辨識 .model')
    model_load.eval()
    model_load.to(device)
    # 測試資料集載入器
    loader_test = torch.utils.data.DataLoader(dataset=Dataset('validation'),
                                              batch_size=32,
                                              collate_fn=collate_fn,
                                              shuffle=True,
                                              drop_last=True)
    # 取一個批次的資料
    for i, (inputs, labels) in enumerate(loader_test):
        break
    # 計算
    with torch.no_grad():
        #[b, lens] -> [b, lens, 8] -> [b, lens]
        outs = model_load(inputs).argmax(dim=2)
    for i in range(32):
        # 移除 PAD
        select = inputs['attention_mask'][i] == 1
        input_id = inputs['input_ids'][i, select]
        out = outs[i, select]
```

```
        label = labels[i, select]
        # 輸出原句子
        print(tokenizer.decode(input_id).replace(' ', ''))
        # 輸出 tag
        for tag in [label, out]:
            s = ''
            for j in range(len(tag)):
                if tag[j] == 0:
                    s += '·'
                    continue
                s += tokenizer.decode(input_id[j])
                s += str(tag[j].item())
            print(s)
        print('==========================')
predict()
```

在這段程式中執行了以下工作：

（1）載入了訓練完畢的模型，並切換到執行模式，再移動到定義好的計算裝置上。

（2）定義了測試資料集載入器，然後從資料集載入器中取出了一批資料。

（3）對這批資料進行預測。

（4）對原句子進行一些處理，以更符合人類的閱讀習慣。

（5）輸出 labels 和預測結果，以觀察兩者的異同。

由於輸出的結果較長，考慮到篇幅此處只列舉出部分結果，以下是幾個例子：

```
[CLS] 長篇小說《放逐》出版青年作家劉方燁的長篇小說《放逐》日前由中國電影出版社出版。[SEP]
[CLS]7············劉1方2燁2···········中3國4電4影4出4版4社4···[SEP]7
[CLS]7············劉1方2燁2···········中3國4電4影4出4版4社4···[SEP]7
==========================
```

輸出中的第 1 行為原文，中間一行為 labels，即網路計算的目標，第 3 行為網路預測的結果。從這個例子中看，網路預測的結果和原 labels 完全一致，沒有任何錯誤，成功捕捉到了組織機構名稱「中國電影出版社」和人名「劉方燁」。

接下來再看三個例子，輸出如下：

```
[CLS] 老人臨走時，一再向房東表示感謝並激動地說：[UNK] 西柏坡，和我的故鄉一樣親切美好！[UNK]
[SEP]
[CLS]7···················西5柏6坡6············[SEP]7
[CLS]7···················西5柏6坡6············[SEP]7
==========================
```

```
[CLS] 水南流，至五門堰及鬥山一帶拐若干個荒灘大彎，人稱龍擺尾，每年發大水都要甩開大片。[SEP]
[CLS]7·····五5門6堰6·鬥5山6··········································[SEP]7
[CLS]7·····五5門6堰6·鬥5山6··········································[SEP]7
==========================
[CLS] 兩個月後少女平靜地離去，她的身邊簇擁著俊平的朋友們，枕邊還放著俊平為她捎去的書。[SEP]
[CLS]7···················俊1平2······俊1平2···········[SEP]7
[CLS]7···················俊1平2······俊1平2···········[SEP]7
==========================
```

可見預測的結果和 labels 完全一致，沒有任何錯誤，接下來再看幾個錯誤的例子，輸出如下：

```
[CLS] 為使農民儘快富起來，和萬春還幫助農民架橋，組建 20 多支農運車隊，每支隊伍全年收入六七萬
元。[SEP]
[CLS]7·········和1萬2春2···································[SEP]7
[CLS]7·········萬1春2·····································[SEP]7
==========================
[CLS] 大連女子足球隊今天在香港舉行的首屆 [UNK] 連港杯 [UNK] 女子足球賽中，以 3：0 擊敗東道主
香港隊，奪得冠軍。[SEP]
[CLS]7大3連4女4子4足4球4隊4···香5港6·····連5港5··········中3國4香
4港4隊4·····[SEP]7
[CLS]7大3連4女4子4足4球4隊4···香5港6·····連5港6············東3道4·中3
國4香4港4隊4·····[SEP]7
==========================
[CLS] 一些標識性的宏偉建築，如國家大劇院，將在廣場西側興建。[SEP]
[CLS]7···········國5家6大6劇6院6···廣5場6·····[SEP]7
[CLS]7···········國3家4大4劇4院4···········[SEP]7
==========================
```

在第 1 個例子中，人名「和萬春」被錯認成了「萬春」。

在第 2 個例子中，原文中的「東道主」並不是一個命名實體，但卻被錯誤地辨識為組織機構名稱「東道」。

在第 3 個例子中，地名「廣場」沒有被辨識出來。

以上是一些典型的錯誤。

## 10.5 小結

本章透過命名實體辨識任務介紹了預訓練模型的再訓練過程，並且介紹了兩段式訓練的原理以及操作方法，演示了完整的訓練過程。透過本章的學習，希望讀者能掌握預訓練模型的再訓方法，並能透過兩段式訓練的技巧更穩定地訓練模型。

# 第 11 章
## 使用 TensorFlow 訓練

## 11.1 任務簡介

在前面的章節中，演示了4個中文任務，這些任務都是使用 PyTorch 計算的，HuggingFace 支持多個深度學習框架，包括 PyTorch 和 TensorFlow。有些讀者可能對使用 TensorFlow 計算感興趣，本章將使用 TensorFlow 框架再次實現中文命名實體辨識任務，以演示在 TensorFlow 中使用 HuggingFace 的方法。

HuggingFace 支持 2.3 以上版本的 TensorFlow，在執行本章程式前，需要確保 TensorFlow 版本符合要求。

## 11.2 資料集介紹

本章使用的資料集依然是 people_daily_ner 資料集，該資料集在第 10 章已經詳細介紹過，此處不再重複介紹，只列舉出資料範例，見表 11-1，如讀者對該資料集不了解，則可參考第 10 章。

▼ 表 11-1 命名實體辨識資料範例

| 文字 | 海 | 釣 | 比 | 賽 | 地 | 點 | 在 | 廈 | 門 |
|------|----|----|----|----|----|----|----|-------|-------|
| 標識 | O | O | O | O | O | O | O | B-LOC | I-LOC |
| 文字 | 與 | 金 | 門 | 之 | 間 | 的 | 海 | 域 | 。 |
| 標識 | O | B-LOC | I-LOC | O | O | O | O | O | O |

從表 11-1 就能很直觀地看出網路模型的計算目標，即透過文字計算出標籤。

## 11.3 模型架構

使用 TensorFlow 實現該任務和使用 PyTorch 實現的計算流程完全一致，計算流程如圖 10-1 所示。

在使用 PyTorch 實現該任務時使用了兩段式訓練的技巧，在 TensorFlow 框架中依然將使用該技巧，以演示在 TensorFlow 框架中實現兩段式訓練的方法。

## 11.4 實現程式

### 11.4.1 準備資料集

#### 1. 使用編碼工具

HuggingFace 提供的編碼工具支援多個深度學習框架，包括 PyTorch 和 TensorFlow，在更換計算框架時，編碼工具的部分幾乎不需要修改，載入編碼工具的程式如下：

```
# 第 11 章 / 載入編碼器
from transformers import AutoTokenizer
tokenizer = AutoTokenizer.from_pretrained('hfl/rbt3')
tokenizer
```

執行結果如下：

```
PreTrainedTokenizerFast(name_or_path='hfl/rbt3', vocab_size=21128,
model_max_len=1000000000000000019884624838656, is_fast=True, padding_side=
'right', truncation_side='right', special_tokens={'unk_token': '[UNK]',
'sep_token': '[SEP]', 'pad_token': '[PAD]', 'cls_token': '[CLS]', 'mask_token':
'[MASK]'})
```

這部分程式和使用的計算框架無關，所以和使用 PyTorch 時的程式完全一致。

載入編碼工具之後，可以進行一次試算，以觀察輸入和輸出，程式如下：

```
# 第 11 章 / 編碼測試
out = tokenizer.batch_encode_plus(
    [[
        '海', '釣', '比', '賽', '地', '點', '在', '廈', '門', '與', '金', '門',
'之', '間',
```

```
            '的', '海', '域', '。'
        ],
        [
            '這', '座', '依', '山', '傍', '水', '的', '博', '物', '館', '由', '國',
'內', '一',
            '流', '的', '設', '計', '師', '主', '持', '設', '計', '。'
        ]],
    truncation=True,
    padding=True,
    return_tensors='tf',
    max_length=20,
    is_split_into_words=True)
# 將編碼還原為句子
print(tokenizer.decode(out['input_ids'][0]))
print(tokenizer.decode(out['input_ids'][1]))
for k, v in out.items():
    print(k, v)
```

由於編碼工具同時支持 PyTorch 和 TensorFlow，所以此處的程式也幾乎是一樣的，唯一的修改點是 batch_encode_plus() 函式的參數 return_tensors='tf'，在 PyTorch 框架中該參數的值為 'pt'，在使用 TensorFlow 框架時應修改為 'tf'。

執行結果如下：

```
[CLS] 海釣比賽地點在廈門與金門之間的海域。 [SEP]
[CLS] 這座依山傍水的博物館由國內一流的設計 [SEP]
input_ids tf.Tensor(
[[ 101 3862 7157 3683 6612 1765 4157 1762 1336 7305  680 7032 7305  722
   7313 4638 3862 1818  511  102]
 [ 101 6821 2429  898 2255  988 3717 4638 1300 4289 7667 4507 1744 1079
   671 3837 4638 6392 6369  102]], shape=(2, 20), dtype=int32)
token_type_ids tf.Tensor(
[[0 0 0 0 0 0 0 0 0 0 0 0 0 0 0 0 0 0 0 0]
 [0 0 0 0 0 0 0 0 0 0 0 0 0 0 0 0 0 0 0 0]], shape=(2, 20), dtype=int32)
attention_mask tf.Tensor(
[[1 1 1 1 1 1 1 1 1 1 1 1 1 1 1 1 1 1 1 1]
 [1 1 1 1 1 1 1 1 1 1 1 1 1 1 1 1 1 1 1 1]], shape=(2, 20), dtype=int32)
```

可以看到編碼的結果已經是 TensorFlow 的 Tensor 格式。

## 2. 定義資料集

如前所述，本次任務需要使用的資料集為 people_daily_ner，載入資料集的函式的程式如下：

```
# 第 11 章 / 獲取資料集
from datasets import load_dataset, load_from_disk
def get_dataset(split):
    # 線上載入資料集
    #dataset = load_dataset(path='people_daily_ner', split=split)
    # 離線載入資料集
    dataset = load_from_disk(dataset_path='./data/people_daily_ner')[split]
    # 打亂順序
    dataset.shuffle()
    #dataset.features['ner_tags'].feature.num_classes
    #7
    #dataset.features['ner_tags'].feature.names
    #['O', 'B-PER', 'I-PER', 'B-ORG', 'I-ORG', 'B-LOC', 'I-LOC']
    return dataset
dataset = get_dataset('train')
dataset
```

在這段程式中，列舉出了兩種載入資料集的方法，分別為線上載入和離線載入，讀者可以根據自己的網路環境選中其中一種方法，離線載入所需要的資料檔案可在本書的書附程式中找到。

由於在本章程式中需要多次載入資料集，所以把載入資料集封裝成一個函式，便於後續的呼叫，呼叫該函式時傳入需要載入的資料部分即可，資料部分包括訓練集和測試集，參數值分別為 train 和 test。

在程式的最後載入了訓練資料集，執行結果如下：

```
Dataset({
    features: ['id', 'tokens', 'ner_tags'],
    num_rows: 20865
})
```

可見訓練資料集包括 20865 筆資料，每筆資料包括一筆分好詞的文字和一個標籤串列。值得注意的是此處的資料依然是文字資料，還沒有被編碼器編碼。

### 3. 定義資料載入函式

與在 PyTorch 框架中不同，TensorFlow 沒有特別好的資料遍歷工具，可以自訂一個資料遍歷函式，程式如下：

```
# 第 11 章 / 定義資料遍歷函式
import TensorFlow as tf
def get_batch_data(dataset, idx, batch_size):
```

```
idx_from = idx * batch_size
idx_to = idx_from + batch_size
if idx_to > dataset.num_rows:
    return None, None
data = dataset[idx_from:idx_to]
# 編碼資料
inputs = tokenizer.batch_encode_plus(data['tokens'],
                                     truncation=True,
                                     padding=True,
                                     return_tensors='tf',
                                     max_length=512,
                                     is_split_into_words=True)
labels = data['ner_tags']
# 求一批資料中最長句子的長度
lens = inputs['input_ids'].shape[1]
# 在 labels 的頭尾補充 7,把所有的 labels 補充成統一的長度
for i in range(len(labels)):
    labels[i] = [7] + labels[i]
    labels[i] += [7] * lens
    labels[i] = labels[i][:lens]
labels = tf.constant(labels, dtype=tf.int32)
return inputs, labels
```

　　資料載入函式的任務是取出資料集中的一批資料,並把這批資料編碼成適合模型計算的格式。在這段程式中首先根據序號和 batch_size 計算出遍歷的起點和終點,再使用起點和終點從資料集中取出這一段資料,即此次要處理的一批資料。

　　如果資料載入函式發現遍歷已經越界,則會傳回 None 值,表示這一輪次的資料遍歷已經結束。

　　得到一批要處理的資料以後,使用編碼工具編碼這一批句子,在參數指定了編碼後,結果最長為 512 個詞,超過 512 個詞的句子將被截斷。

　　在一批句子中有的句子長,有的句子短,為了便於網路處理,需要把這些資料整理成矩陣的形式,要求這些句子有相同的長度,參數 padding=True 會對這批句子補充 PAD,使其成同樣的長度,具體長度取決於這一個批次中最長的句子有多長,該過程如圖 11-1 所示。

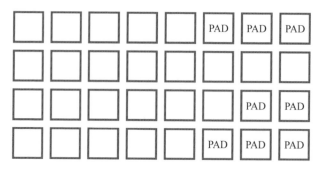

▲圖 11-1 動態補充 PAD 示意

在編碼時，透過參數 return_tensors='tf' 讓編碼的結果為 TensorFlow 的 Tensor 格式，免去了後續轉換資料格式的麻煩。

和使用 PyTorch 實現時資料整理函式一樣，這裡也需要對 labels 進行填充，在一批資料中 labels 的長短是不一的，為了把 labels 也轉換成便於處理的矩陣，需要對 labels 進行填充，讓所有的 labels 的長度一致。具體的做法是在所有 labels 的開頭插入一個標籤 7，對應文字開頭會被插入的 [CLS] 標籤，之後在 labels 的尾部也填充 7，直到 labels 的長度達到當前批次中最長的句子的長度。經過以上操作之後，當前批次中所有的 labels 的長度都一致，這樣就可以轉為矩陣便於後續的計算了。

定義好了資料載入函式，可以取一批樣例資料，查看資料樣例的格式，程式如下：

```
# 第11章 / 查看資料樣例
inputs, labels = get_batch_data(dataset, 0, 16)
for k, v in inputs.items():
    print(k, v.shape)
print('labels', labels.shape)
```

執行結果如下：

```
input_ids(16, 140)
token_type_ids (16, 140)
attention_mask (16, 140)
labels(16, 140)
```

從結果可以看出，這批資料中最長的資料為 140 個詞，包括 labels 在內的結果中有 4 個矩陣。

## 11.4.2 定義模型

### 1. 載入預訓練模型

完成以上工作以後就可以載入預訓練模型了，程式如下：

```
# 第 11 章 / 載入預訓練模型
from transformers import TFAutoModel
pretrained = TFAutoModel.from_pretrained('hfl/rbt3')
# 查看模型概述
pretrained.summary()
```

和 PyTorch 不同，使用 TensorFlow 計算時需要使用 TFAutoModel 類別來載入模型，在程式的最後，輸出了模型的概述，執行結果如下：

```
Model: "tf_bert_model"

_____
Layer (type)                 Output Shape              Param #
=================================================================
bert (TFBertMainLayer)       multiple                  38476800
=================================================================
Total params: 38,476,800
Trainable params: 38,476,800
Non-trainable params: 0
_____
```

可見模型的參數量約 3800 萬個，和使用 PyTorch 實現時大致相同。

定義好預訓練模型之後，可以進行一次試算，計算方法和使用 PyTorch 實現時相同，程式如下：

```
# 第 11 章 / 模型試算
#[b, lens] -> [b, lens, 768]
pretrained(**inputs).last_hidden_state.shape
```

執行結果如下：

```
TensorShape([16, 140, 768])
```

計算後輸出的結果也和使用 PyTorch 實現時相同，也是 16 句話的結果，每句話包括 140 個詞，每個詞被抽成了一個 768 維的向量。到此為止，透過預訓練模型成功地把 16 句話轉為了一個特徵向量矩陣，可以連線下游任務模型，進行後續的計算。

## 2. 定義下游任務模型

下游任務模型的計算過程和使用 PyTorch 實現時相同，只是修改為使用 TensorFlow 計算，同樣需要支援兩段式訓練，程式如下：

```
# 第 11 章 / 定義下游模型
class Model(tf.Keras.Model):
    def __init__(self):
        super().__init__()
        # 標識當前模型是否處於 tuning 模式
        self.tuning = False
        # 當處於 tuning 模式時 backbone 應該屬於當前模型的一部分，否則該變數為空
        self.pretrained = None
        # 當前模型的神經網路層
        self.rnn = tf.Keras.layers.GRU(units=768, return_sequences=True)
        self.fc = tf.Keras.layers.Dense(units=8, activation=tf.nn.Softmax)
    def call(self, inputs):
        # 根據當前模型是否處於 tuning 模式而使用外部 backbone 或內部 backbone 計算
        if self.tuning:
            out = self.pretrained(**inputs).last_hidden_state
        else:
            out = pretrained(**inputs).last_hidden_state
        #backbone 取出的特徵輸入 RNN 網路進一步取出特徵
        out = self.rnn(out)
        #RNN 網路取出的特徵最後輸入 FC 神經網路分類
        out = self.fc(out)
        return out
    # 切換下游任務模型的 tuning 模式
    def fine_tuning(self, tuning):
        self.tuning = tuning
        #tuning 模式時，訓練 backbone 的參數
        if tuning:
            self.pretrained = pretrained
        # 非 tuning 模式時，不訓練 backbone 的參數
        else:
            self.pretrained = None
model = Model()
model(inputs).shape
```

執行結果如下：

```
TensorShape([16, 140, 8])
```

從結果可以看出，運算的結果為 16 句話、140 個詞、每個詞為 8 分類結果。

## 11.4.3　訓練和測試

### 1.　兩個工具函式

和使用 PyTorch 實現時相同，此處也需要定義兩個工具函式，第 1 個函式的功能是對計算結果和 labels 變形，並且移除 PAD，實現程式如下：

```
# 第 11 章 / 對計算結果和 labels 變形，並且移除 PAD
def reshape_and_remove_pad(outs, labels, attention_mask):
    # 變形，便於計算 loss
    #[b, lens, 8] -> [b*lens, 8]
    #[b, lens] -> [b*lens]
    outs = tf.reshape(outs, [-1, 8])
    labels = tf.reshape(labels, [-1])
    # 忽略對 PAD 的計算結果
    #[b, lens] -> [b*lens - pad]
    select = tf.reshape(attention_mask, [-1]) == 1
    outs = outs[select]
    labels = labels[select]
    return outs, labels
reshape_and_remove_pad(tf.random.normal([2, 3, 8]), tf.ones([2, 3]),
                       tf.ones([2, 3]))
```

在程式的最後使用一批虛擬的資料試算該函式，執行結果如下：

```
(<tf.Tensor: shape=(6, 8), dtype=float32, NumPy=
 array([[-0.8518044,   0.56981546,  1.7722402,   1.5570363, -0.5452776,
         -0.05904967,  0.6430304,  -0.5592008],
        [-0.10965751,  0.31557927, -1.1976087,   0.11825781,-0.89963585,
         -1.1651767,  -1.7429291,  -1.4400107],
        [1.4001974,   -1.3210682,  -0.37927464, -0.14094475,-1.3921576,
         -0.12169897,  0.11071096, -0.521887],
        [-2.4660468,   0.41077474, -0.06646279, -1.8674058,   0.23685668,
         -1.4304556,   0.2736403,   0.40887165],
        [-0.47869956,  0.6307642,   1.0175115,   0.6412728,   0.9174518,
         -1.6071075,   0.8128216,  -0.12776785],
        [0.9170497,   0.62383527,  0.4977573,  -0.0440811,   0.39723176,
         1.4127846,   -0.50897956,  1.7356095]], dtype=float32)>,
```

```
<tf.Tensor: shape=(6,), dtype=float32, NumPy=array([1., 1., 1., 1., 1., 1.],
dtype=float32)>)
```

第 2 個函式用於計算預測結果中預測正確了多少個，以及一共有多少個預測
結果，程式如下：

```
# 第 11 章 / 獲取正確數量和總數
def get_correct_and_total_count(outs, labels):
    #[b*lens, 8] -> [b*lens]
    outs = tf.argmax(outs, axis=1, output_type=tf.int32)
    correct = tf.cast(outs == labels, dtype=tf.int32)
    correct = int(tf.reduce_sum(correct))
    total = len(labels)
    # 計算除了 0 以外元素的正確率，因為 0 太多了，所以正確率很容易虛高
    select = labels != 0
    outs = outs[select]
    labels = labels[select]
    correct_content = tf.cast(outs == labels, dtype=tf.int32)
    correct_content = int(tf.reduce_sum(correct_content))
    total_content = len(labels)
    return correct, total, correct_content, total_content
get_correct_and_total_count(tf.random.normal([16, 8]),
                            tf.ones([16], dtype=tf.int32))
```

和使用 PyTorch 實現時一樣，在這個函式中，一共計算了兩對正確數量和總
數，它們的區別是一套計算了 0 這個標籤，另一套則排除了 0 這個標籤。因為在
labels 中各個標籤的分佈並不是均勻的，0 這個標籤的數量特別多，如果在計算正
確率時包括 0 這個標籤，則正確率很容易虛高，因此需要在排除 0 這個標籤以後
額外計算一套正確數量和總數。

在程式的最後虛擬了資料對函式進行試算，執行結果如下：

```
(2, 16, 2, 16)
```

因為虛擬的 labels 全部是 1，並沒有出現標籤 0 的情況，所以統計得出的兩
套正確數量和總數相等。

## 2. 訓練

經過以上準備工作後，現在可以定義訓練函式了，程式如下：

```
# 第 11 章 / 訓練
from transformers import create_optimizer
def train(epochs):
    # 建立最佳化器和學習率衰減工具
    optimizer, schedule = create_optimizer(
        # 如果模型是 tuning 模式，則使用更小的學習率
        init_lr=2e-5 if model.tuning else 5e-4,
        num_warmup_steps=0,
        # 統計總 steps
        num_train_steps=(dataset.num_rows //16) * epochs)
    for epoch in range(epochs):
        i = 0
        while True:
            # 取 1 個批次的資料
            inputs, labels = get_batch_data(dataset, i, 16)
            # 如果沒有取到資料，則說明資料已經遍歷結束
            if inputs == None:
                break
            # 記錄梯度變化
            with tf.GradientTape() as tape:
                # 模型計算
                #[b, lens] -> [b, lens, 8]
                outs = model(inputs)
                # 對 outs 和 labels 變形，並且移除 PAD
                #outs -> [b, lens, 8] -> [c, 8]
                #labels -> [b, lens] -> [c]
                outs, labels = reshape_and_remove_pad(outs, labels,
                                                inputs['attention_mask'])
                # 計算 loss
                loss = tf.losses.categorical_crossentropy(
                    y_true=tf.one_hot(labels, depth=8),
                    y_pred=outs,
                    from_logits=False,
                    axis=1,
                )
                loss = tf.reduce_mean(loss)
            # 根據 loss 計算參數梯度
            grads = tape.gradient(loss, model.trainable_variables)
            # 根據梯度更新參數
            optimizer.apply_gradients(
                (grad, var)
                for (grad, var) in zip(grads, model.trainable_variables)
                if grad is not None)
            # 衰減學習率
            schedule(1)
            if i % 50 == 0:
                counts = get_correct_and_total_count(outs, labels)
```

```
                    accuracy = counts[0] / counts[1]
                    accuracy_content = counts[2] / counts[3]
                    lr = float(optimizer.lr(optimizer.iterations))
                    print(epoch, i, float(loss), lr, accuracy, accuracy_content)
                i += 1
        # 儲存模型參數
model.save_weights('model/tf_parameters/ 中文命名實體辨識 ')
```

和使用 PyTorch 實現時一樣，本章也將使用兩段式訓練，在兩個階段的訓練輪次可能不一樣，所以需要 epochs 這個參數。

HuggingFace 提供了工具函式 create_optimizer()，用於建立 TensorFlow 的最佳化器和 Learning Rate 衰減器，下面對這個工具函式的各個參數分別介紹。

（1）參數 init_lr：初始的 Learning Rate，在程式中會根據模型的微調模式選擇不同的初始 Learning Rate，如果處於微調模式，則使用更小的 Learning Rate，防止模型出現災難性遺忘。

（2）參數 num_warmup_steps：Learning Rate 預熱步數，表示在開始訓練後，多少個 steps 之內不衰減 Learning Rate，而是提高 Learning Rate 以更快地訓練模型。

（3）參數 num_train_steps：表示一共將訓練多少個 steps，在這些 steps 之後 Learning Rate 將被衰減為 0。

建立完了最佳化器和 Learning Rate 衰減器，就開始遍歷資料，在訓練資料集上遍歷 epochs 個輪次，每次使用資料載入函式獲取一批資料，如果獲取的資料為 None，則說明此次遍歷已經結束。

把每一批資料登錄模型進行計算，得到計算結果以後使用 tf.losses. categorical_ crossentropy() 函式計算交叉熵 loss，下面對該函式的各個參數分別介紹。

（1）參數 y_true：即 labels，但此處需要的是 One Hot 的格式，使用 tf.one_hot() 函式把 labels 轉為 One Hot 格式傳入即可。

（2）參數 y_pred：即模型計算的結果。

（3）參數 from_logits：由於計算結果經過了啟動函式 Softmax 的計算，所以並不是 logits 的，此處傳入 False。

（4）參數 axis：表示要計算交叉熵的維度，由於計算的結果維度為 [ 字 , 分類 ]，所以傳入分類所在的索引 1 即可。

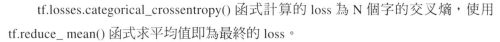
tf.losses.categorical_crossentropy() 函式計算的 loss 為 N 個字的交叉熵，使用 tf.reduce_ mean() 函式求平均值即為最終的 loss。

得到 loss 以後可以根據 loss 求得模型中各個參數的梯度，最後使用最佳化器根據梯度最佳化參數即可。

每訓練完一個 epoch，把模型的參數儲存到磁碟上，以便於後續呼叫。

## 3. 兩段式訓練

做完以上工作之後，就可以進行兩段式訓練的第 1 步了，程式如下：

```
# 第 11 章 / 兩段式訓練第 1 步，訓練下游任務模型
model.fine_tuning(False)
print(sum([int(tf.size(i)) for i in model.trainable_variables]) / 10000)
train(1)
```

在這段程式中，首先把下游任務模型切換到非微調模式，之後輸出模型的參數量，由於預訓練模型並不屬於下游任務模型的一部分，所以此處期待的參數量應該稍小，最後在全量資料上訓練一個輪次，執行結果如下：

```
354.9704
```

可以看到在非微調模式下，下游任務模型的參數量約為 354 萬。訓練過程的輸出見表 11-2。

▼ 表 11-2　第一階段訓練輸出

| epoch | steps | loss | lr | accuracy | accuracy_content |
|-------|-------|------|------|----------|------------------|
| 0 | 0 | 2.44461 | 0.00050 | 0.02155 | 0.10345 |
| 0 | 50 | 0.16654 | 0.00048 | 0.94665 | 0.78862 |
| 0 | 100 | 0.08638 | 0.00046 | 0.97172 | 0.80374 |
| 0 | 150 | 0.49765 | 0.00044 | 0.83914 | 0.52050 |
| 0 | 200 | 0.09513 | 0.00042 | 0.97226 | 0.88596 |
| 0 | 250 | 0.09418 | 0.00040 | 0.97581 | 0.88312 |
| 0 | 300 | 0.12022 | 0.00038 | 0.95476 | 0.74046 |
| 0 | 350 | 0.07732 | 0.00037 | 0.97291 | 0.78302 |
| 0 | 400 | 0.05464 | 0.00035 | 0.97645 | 0.91667 |
| 0 | 450 | 0.11771 | 0.00033 | 0.96198 | 0.85714 |
| 0 | 500 | 0.03441 | 0.00031 | 0.99008 | 0.96330 |
| 0 | 550 | 0.04895 | 0.00029 | 0.97831 | 0.80645 |

（續表）

| epoch | steps | loss | lr | accuracy | accuracy_content |
|:---:|:---:|:---:|:---:|:---:|:---:|
| 0 | 600 | 0.06469 | 0.00027 | 0.97674 | 0.92308 |
| 0 | 650 | 0.01943 | 0.00025 | 0.99561 | 0.96629 |
| 0 | 700 | 0.06868 | 0.00023 | 0.96717 | 0.84553 |
| 0 | 750 | 0.04750 | 0.00021 | 0.98769 | 0.93407 |
| 0 | 800 | 0.06814 | 0.00019 | 0.97251 | 0.85124 |
| 0 | 850 | 0.13955 | 0.00017 | 0.93949 | 0.74138 |
| 0 | 900 | 0.04371 | 0.00015 | 0.98525 | 0.94845 |
| 0 | 950 | 0.10262 | 0.00014 | 0.96715 | 0.78378 |
| 0 | 1000 | 0.09408 | 0.00012 | 0.97430 | 0.95745 |
| 0 | 1050 | 0.15884 | 0.00010 | 0.93086 | 0.74611 |
| 0 | 1100 | 0.04948 | 0.00008 | 0.98250 | 0.92357 |
| 0 | 1150 | 0.10110 | 0.00006 | 0.96373 | 0.81119 |
| 0 | 1200 | 0.06494 | 0.00004 | 0.97472 | 0.80800 |
| 0 | 1250 | 0.11742 | 0.00002 | 0.95152 | 0.82386 |
| 0 | 1300 | 0.11347 | 0.00000 | 0.96361 | 0.87654 |

從表 11-2 可以看出，隨著訓練步驟的增多，loss 收斂得很快，並且正確率已經很高，達到了 96%，在排除 labels 中的 0 之後，正確率為 80% 左右。

接下來可以進行兩段式訓練的第二階段，程式如下：

```
# 第 11 章 / 兩段式訓練第 2 步，同時訓練下游任務模型和預訓練模型
model.fine_tuning(True)
print(sum([int(tf.size(i)) for i in model.trainable_variables]) / 10000)
train(2)
```

在這段程式中，把下游任務模型切換到微調模式，這表示預訓練模型將被一起訓練，程式中輸出了當前下游任務模型的參數量，由於預訓練模型已經屬於下游任務模型的一部分，所以此處的參數量期望會比較大，最後在全量資料上執行兩個輪次的訓練，執行結果如下：

```
4202.6504
```

可見切換到微調模式後，下游任務模型的參數量增加到約 4200 萬個，由於採用了較小的預訓練模型，所以這個參數量的規模依然較小，即使在一顆 CPU 上

訓練這個任務，時間也應該在可接受的範圍內。訓練過程的輸出見表 11-3。

▼ 表 11-3 第二階段訓練輸出

| epoch | steps | loss | lr | accuracy | accuracy_content |
|-------|-------|------|-----|----------|------------------|
| 0 | 0 | 0.04604 | 0.00002 | 0.98352 | 0.93966 |
| 0 | 100 | 0.03638 | 0.00002 | 0.98416 | 0.88785 |
| 0 | 200 | 0.04009 | 0.00002 | 0.98686 | 0.92982 |
| 0 | 300 | 0.08964 | 0.00002 | 0.97143 | 0.85496 |
| 0 | 400 | 0.04041 | 0.00002 | 0.98199 | 0.95833 |
| 0 | 500 | 0.01534 | 0.00002 | 0.99575 | 0.97248 |
| 0 | 600 | 0.03518 | 0.00002 | 0.98605 | 0.95604 |
| 0 | 700 | 0.03754 | 0.00001 | 0.98632 | 0.95122 |
| 0 | 800 | 0.04189 | 0.00001 | 0.98953 | 0.95041 |
| 0 | 900 | 0.02225 | 0.00001 | 0.99464 | 1.00000 |
| 0 | 1000 | 0.06273 | 0.00001 | 0.98131 | 0.98936 |
| 0 | 1100 | 0.02301 | 0.00001 | 0.98950 | 0.96178 |
| 0 | 1200 | 0.03671 | 0.00001 | 0.98127 | 0.88800 |
| 0 | 1300 | 0.07266 | 0.00001 | 0.98418 | 0.90123 |
| 1 | 50 | 0.01916 | 0.00001 | 0.99372 | 0.97561 |
| 1 | 150 | 0.06045 | 0.00001 | 0.98053 | 0.95268 |
| 1 | 250 | 0.01232 | 0.00001 | 0.99654 | 0.98052 |
| 1 | 350 | 0.01322 | 0.00001 | 0.99411 | 0.95283 |
| 1 | 450 | 0.06368 | 0.00001 | 0.98606 | 0.94444 |
| 1 | 550 | 0.01757 | 0.00001 | 0.99157 | 0.92473 |
| 1 | 650 | 0.00535 | 0.00001 | 0.99708 | 0.97753 |
| 1 | 750 | 0.00922 | 0.00000 | 0.99590 | 0.97802 |
| 1 | 900 | 0.01218 | 0.00000 | 0.99866 | 1.00000 |
| 1 | 1000 | 0.02044 | 0.00000 | 0.99416 | 0.98936 |
| 1 | 1100 | 0.01209 | 0.00000 | 0.99767 | 0.98726 |
| 1 | 1200 | 0.01193 | 0.00000 | 0.99625 | 0.97600 |
| 1 | 1300 | 0.03333 | 0.00000 | 0.99051 | 0.93827 |

從表 11-3 可以看出，在本次的訓練中不僅整體正確率上升了，排除標籤 0 之後的正確率也上升了。

## 4. 測試

最後，對訓練好的模型進行測試，以驗證訓練的有效性，程式如下：

```
# 第 11 章 / 測試
def test():
    # 載入訓練完的模型參數
    model.load_weights('model/tf_parameters/ 中文命名實體辨識 ')
    # 測試資料集
    dataset_test = get_dataset('test')
    correct = 0
    total = 0
    correct_content = 0
    total_content = 0
    # 測試 5 個批次即可
    for i in range(5):
        print(i)
        inputs, labels = get_batch_data(dataset_test, i, 128)
        # 計算
        #[b, lens] -> [b, lens, 8] -> [b, lens]
        outs = model(inputs)
        # 對 outs 和 labels 變形 , 並且移除 PAD
        #outs -> [b, lens, 8] -> [c, 8]
        #labels -> [b, lens] -> [c]
        outs, labels = reshape_and_remove_pad(outs, labels,
                                              inputs['attention_mask'])
        # 統計正確數量
        counts = get_correct_and_total_count(outs, labels)
        correct += counts[0]
        total += counts[1]
        correct_content += counts[2]
        total_content += counts[3]
    print(correct / total, correct_content / total_content)
test()
```

在這段程式中，首先從磁碟載入訓練完畢的模型參數。獲取了測試資料集，並載入了 5 個批次，每個批次有 128 筆資料讓模型進行預測，最後統計兩個正確率並輸出，執行結果如下：

```
0
1
2
3
4
0.9899993506071822 0.9566824060767809
```

經過 5 個批次的測試之後，最終模型獲得了約 99.0% 和 95.7% 的正確率。

## 5. 預測

驗證了模型的有效性之後，可以進行一些預測，以更直觀地觀察模型的預測結果，程式如下：

```
# 第 11 章 / 預測
def predict():
    # 載入訓練完的模型參數
    model.load_weights('model/tf_parameters/ 中文命名實體辨識 ')
    # 測試資料集
    dataset_test = get_dataset('test')
    # 取一個批次的資料
    inputs, labels = get_batch_data(dataset_test, 0, 32)
    # 計算
    #[b, lens] -> [b, lens, 8] -> [b, lens]
    outs = model(inputs)
    outs = tf.argmax(outs, axis=2, output_type=tf.int32)
    for i in range(32):
        # 移除 PAD
        select = inputs['attention_mask'][i] == 1
        input_id = tf.boolean_mask(inputs['input_ids'][i], axis=0, mask=select)
        out = tf.boolean_mask(outs[i], axis=0, mask=select)
        label = tf.boolean_mask(labels[i], axis=0, mask=select)
        # 輸出原句子
        print(tokenizer.decode(input_id).replace(' ', ''))
        # 輸出 tag
        for tag in [label, out]:
            s = ''
            for j in range(len(tag)):
                if tag[j] == 0:
                    s += '·'
                    continue
                s += tokenizer.decode(input_id[j])
                s += str(int(tag[j]))
            print(s)
        print('==========================')
predict()
```

這段程式的實現和使用 PyTorch 實現時的想法完全一致，只是修改為使用 TensorFlow 進行計算，故程式內容不再詳細解釋。

由於輸出的結果較長，考慮到篇幅此處只列舉出部分結果，參看以下幾個例子：

```
[CLS] 可一想到自己這個大老爺們得讓妻子養活，王建新悶在心裡的苦水直往嗓子眼上冒。[SEP]
[CLS]7··························王1建2新2··························[SEP]7
[CLS]7··························王1建2新2··························[SEP]7
==========================
[CLS] 本報北京 5 月 10 日訊亞洲山地車錦標賽男、女越野賽的上屆冠軍今天在這裡雙雙失利；中國的馬燕
萍和日本的戶漳井俊介都以絕對的優勢奪金。[SEP]
[CLS]7·北5京6····亞5洲6·················中3國4·馬1燕2萍2·日3本4·
戶1漳2井2俊2介2·················[SEP]7
[CLS]7·北5京6····亞5洲6·················中5國6·馬1燕2萍2·日3本6·
戶1漳2井2俊2介2·················[SEP]7
==========================
```

　　輸出中的第 1 行為原文，中間一行為 labels，即網路計算的目標，第 3 行為
網路預測的結果，從這個例子中看，網路預測的結果和原 labels 完全一致，沒有
任何錯誤，成功地捕捉到了人名「王建新」「馬燕萍」「戶漳井俊介」和地名「北
京」「亞洲」「中國」。

　　接下來再看以下兩個例子：

```
[CLS] 天津兒童醫院兒科研究所研究的 [UNK] 人類微小病毒 b19 外殼蛋白基因 vp2 的複製與表達
[UNK] 課題獲得成功，日前透過專家評審。[SEP]
[CLS]7天3津4兒4童4醫4院4兒4科4研4究4所
4·····························[SEP]7
[CLS]7天3津4兒4童4醫4院4兒4科4研4究4所
4·····························[SEP]7
==========================
[CLS] △部隊作家艾奇的報告文學新著《金陵桂冠》近日由江蘇文藝出版社出版。[SEP]
[CLS]7·····艾1奇2·······金5陵6·····江3蘇4文4藝4出4版4社4···[SEP]7
[CLS]7·····艾1奇2·······金5陵6·····江3蘇4文4藝4出4版4社4···[SEP]7
==========================
```

　　成功捕捉到了組織機構名稱「天津兒童醫院兒科研究所」「江蘇文藝出版
社」，以及人名「艾奇」和地名「金陵」。

　　接下來再看以下 3 個錯誤的例子：

```
[CLS] 本報訊 6 月 20 日，紅雙喜中國乒乓球俱樂部甲級聯賽大戰 7 場，掀起一個小高潮。[SEP]
[CLS]7················紅3雙4喜4中5國6·················[SEP]7
[CLS]7················紅3雙4·中5國6·················[SEP]7
==========================
[CLS] 昨天，他們對喀麥隆的比賽，則受到此間輿論的好評。[SEP]
[CLS]7·······喀3麥4隆4·········[SEP]7
[CLS]7·······喀5麥6隆6·········[SEP]7
==========================
```

```
[CLS] 我們常常一早從橋兒溝魯藝出發，通過飛機場，過延河到文化俱樂部；往往演出到深夜才又經過飛機
場，踏著寂靜和曲折的山路返回魯藝。[SEP]
[CLS]7‥‥‥‥橋5兒6溝6魯3藝4‥‥‥‥‥‥‥延5河6‥‥‥‥‥‥‥‥‥‥‥‥‥‥‥‥
‥魯3藝4‥[SEP]7
[CLS]7‥‥‥‥橋5兒6溝6魯4藝4‥‥‥‥‥‥延5河4‥化4‥部4‥‥‥‥‥‥‥‥‥‥‥‥‥‥
魯5藝4‥[SEP]7
==========================
```

在第 1 個例子中，組織機構名稱「紅雙喜」被捕捉成了「紅雙」，少了一個字。

在第 2 個例子中，地名「喀麥隆」在資料集中被錯誤地標記為組織機構名稱，但其實應該是地名，所以這是一個資料集本身的錯誤，而在網路的計算結果中糾正了這個錯誤。可見網路不僅有高正確率，而且有糾正資料錯誤的能力。

在第 3 個例子中網路捕捉到了地名「橋兒溝」「延河」和組織機構名稱「魯藝」，但也錯誤捕捉到了單一字的「化」和「部」。

以上是一些典型的錯誤。

## 11.5 小結

本章使用 TensorFlow 框架再次實現了命名實體辨識任務，透過這個例子演示在 TensorFlow 框架下使用 HuggingFace 的方法。

# 第 12 章
# 使用自動模型

## 12.1　任務簡介

　　透過前面的幾個實戰任務，相信讀者已經發現使用 HuggingFace 訓練 NLP 模型的一般形式，大體上可以分為以下幾個步驟：

（1）準備資料集。

（2）載入預訓練模型。

（3）定義下游任務模型。

（4）執行訓練和測試。

　　其中預訓練模型一般起將文字特徵取出為向量的作用，在下游任務模型中使用取出好的特徵向量執行分類及回歸等任務。

　　前面幾個任務是透過手動定義的方式獲得下游任務模型的，針對一些常見的任務，HuggingFace 提供了預先定義的下游任務模型，包括以下任務類型：

（1）預測下一個詞。

（2）文字填空。

（3）問答任務。

（4）文字摘要。

（5）文字分類。

（6）命名實體辨識。

（7）翻譯。

　　以上是針對文字常見的任務，事實上 HuggingFace 不僅支援處理文字資料，還能處理音訊和影像資料，但暫時讓我們聚焦在文字任務上。

在本章中將以文字分類任務為例演示 HuggingFace 預先定義的下游任務模型的使用方法。

使用預先定義的下游任務能夠給我們提供一種想法，透過閱讀預先定義模型的原始程式碼，可以查看 HuggingFace 在實現特定的下游任務時是如何定義模型的，進而可以照貓畫虎，定義自己的模型。

## 12.2 資料集介紹

本章所使用的資料集依然是 ChnSentiCorp 資料集，在前面的幾個章節中已經反覆使用過此資料集，相信讀者已經很熟悉這個資料集了，此處不再贅述。本次任務的部分資料樣例見表 12-1，透過該表讀者可對本次任務資料集有直觀的認識。

▼ 表 12-1 ChnSentiCorp 資料集資料樣例

| 評　　價 | 標　識 |
| --- | --- |
| 整體外型比照片好看很多，外殼也有防指紋的設計，發熱量也可接受。 | 好評 |
| 距離川沙公路較近，但是公共汽車指示不對，如果是「蔡陸線」，則會非常麻煩。建議用別的路線，房間較為簡單。 | 好評 |
| 我喜歡這個酒店，因為那裡有笑容！因為方便！因為價格合理！還有登州路 56 號的青島啤酒！到蕪湖，經常因為倉促而訂不到國信。一大憾事！ | 好評 |
| 除了地理位置很好之外，服務差，房間味道大，隔音效果差，早餐簡直無法下箸。另外，服務生經常拒絕客人使用信用卡！ | 負評 |
| 輕便，方便攜帶，性能也不錯，能滿足平時的工作需要，對出差人員來講非常不錯。 | 好評 |
| 很好的地理位置，一蹋糊塗的服務，蕭條的酒店。 | 負評 |
| 差得要命，很大股黴味，勉強住了一晚，第二天大早趕緊溜。 | 負評 |
| 非常不錯，服務很好，位於市中心區，交通方便，不過價格也高！ | 好評 |
| 還不錯，可以住一下，並且建議住高一點層次的房間。 | 好評 |

## 12.3 模型架構

和以往的任務不同，本章不再手動定義下游任務模型，而是使用 HuggingFace 預先定義的文字分類任務模型。但是在該模型內部，依然包括預訓練模型和下游任務模型兩部分，只是 HuggingFace 透過 API 的方式對呼叫者隱藏了具體的細節，但作為呼叫者應該做到心中有數，意識到該模型仍然是一個兩段式的模型結構。

　　為了表現自動模型的封裝性，圖 12-1 中並沒有畫出自動模型內部的細節。

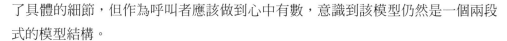

[0.3, 0.7]

▲ 圖 12-1　使用自動模型的計算過程

## 12.4　實現程式

### 12.4.1　準備資料集

#### 1. 使用編碼工具

　　和以往所有的任務一樣，在準備資料集的過程中依然需要用到編碼工具，程式如下：

```
# 第 12 章 / 載入編碼工具
from transformers import BertTokenizer
token = BertTokenizer.from_pretrained('bert-base-chinese')
token
```

　　執行結果如下：

```
PreTrainedTokenizer(name_or_path='bert-base-chinese', vocab_size=21128,
model_max_len=512, is_fast=False, padding_side='right', truncation_side='right',
special_tokens={'unk_token': '[UNK]', 'sep_token': '[SEP]', 'pad_token':
'[PAD]', 'cls_token': '[CLS]', 'mask_token': '[MASK]'})
```

#### 2. 定義資料集

　　在本章中，不再把 HuggingFace 資料集封裝成 PyTorch 的 Dataset 物件，而是直接使用 HuggingFace 的資料集物件，程式如下：

```
# 第 12 章 / 載入資料集
from datasets import load_from_disk
dataset = load_from_disk('./data/ChnSentiCorp')
dataset
```

執行結果如下：

```
DatasetDict({
    train: Dataset({
        features: ['text', 'label'],
        num_rows: 9600
    })
    validation: Dataset({
        features: ['text', 'label'],
        num_rows: 0
    })
    test: Dataset({
        features: ['text', 'label'],
        num_rows: 1200
    })
})
```

## 3. 定義計算裝置

定義本次任務中要使用的計算裝置，程式如下：

```
# 第 12 章 / 定義計算裝置
device = 'cpu'
if torch.cuda.is_available():
    device = 'CUDA'
device
```

執行結果如下：

```
'CUDA'
```

## 4. 定義資料整理函式

在本章中使用的資料整理函式的程式如下：

```
# 第 12 章 / 資料整理函式
def collate_fn(data):
    sents = [i['text'] for i in data]
    labels = [i['label'] for i in data]
```

```
# 編碼
data = token.batch_encode_plus(batch_text_or_text_pairs=sents,
                               truncation=True,
                               padding=True,
                               max_length=512,
                               return_tensors='pt')
# 轉移到計算裝置
for k, v in data.items():
    data[k] = v.to(device)
data['labels'] = torch.LongTensor(labels).to(device)
return data
```

## 5.　定義資料集載入器

資料集載入器程式如下：

```
# 第 12 章 / 資料集載入器
loader = torch.utils.data.DataLoader(dataset=dataset['train'],
                                     batch_size=16,
                                     collate_fn=collate_fn,
                                     shuffle=True,
                                     drop_last=True)
len(loader)
```

執行結果如下：

```
600
```

定義好了資料集載入器之後，可以查看一批資料樣例，程式如下：

```
# 第 12 章 / 查看資料樣例
for i, data in enumerate(loader):
    break
for k, v in data.items():
    print(k, v.shape)
```

執行結果如下：

```
input_ids torch.Size([16, 235])
token_type_ids torch.Size([16, 235])
attention_mask torch.Size([16, 235])
labels torch.Size([16])
```

## 12.4.2 載入自動模型

針對文字分類任務，使用 HuggingFace 提供的 AutoModelForSequenceClassification 工具類別載入自動模型，程式如下：

```
# 第 12 章 / 載入預訓練模型
from transformers import AutoModelForSequenceClassification
# 載入模型
model = AutoModelForSequenceClassification.from_pretrained('bert-base-chinese',
                                                    num_labels=2)
# 設定計算裝置
model.to(device)
# 統計參數量
print(sum(i.numel() for i in model.parameters()) / 10000)
```

AutoModelForSequenceClassification 工具類別有兩個主要的參數，分別為要使用的 backbone 網路名稱和分類的類別數量，在程式的最後輸出了模型的參數量，執行結果如下：

```
10226.9186
```

可見 bert-base-chinese 模型的參數量約為 1 億個。

如前所述，在自動模型中其實依然是 backbone 網路，後續再接下游任務模型，可以透過輸出模型本身查看模型的結構，程式如下：

```
model
```

執行結果如下：

```
BertForSequenceClassification(
  (bert): BertModel(
    ...
  )
  (DropOut): DropOut(p=0.1, inplace=False)
  (classifier): Linear(in_features=768, out_features=2, bias=True)
)
```

由於輸出的內容很長，此處省略了 backbone 網路的內部細節，可以看到自動模型的內部使用的 backbone 網路是 BERT 模型，另外還有 DropOut 層和 Linear 層，很顯然其中的 Linear 層是用來做二分類的。

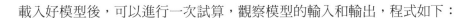

載入好模型後，可以進行一次試算，觀察模型的輸入和輸出，程式如下：

```
# 模型試算
out = model(**data)
out['loss'], out['logits'].shape
```

執行結果如下：

```
(tensor(0.7723, grad_fn=<NllLossBackward0>), torch.Size([16, 2]))
```

可以看到輸出的內容包括 loss 和分類的結果，其中 loss 只有在傳入參數中包括 labels 時才會有值，顯然模型需要有 labels 才能計算 loss。如果讀者去翻看自動模型的內部程式，則可以發現，自動模型計算的是交叉熵損失。

## 12.4.3 訓練和測試

### 1. 訓練

由於本章使用的是自動模型，所以我們跳過了定義下游任務模型的步驟，現在可以訓練模型了，程式如下：

```
# 第 12 章 / 訓練
from transformers import AdamW
from transformers.optimization import get_scheduler
def train():
    # 定義最佳化器
    optimizer = AdamW(model.parameters(), lr=5e-4)
    # 定義學習率調節器
    scheduler = get_scheduler(name='linear',
                              num_warmup_steps=0,
                              num_training_steps=len(loader),
                              optimizer=optimizer)
    # 將模型切換到訓練模式
    model.train()
    # 按批次遍歷訓練集中的資料
    for i, data in enumerate(loader):
        # 模型計算
        out = model(**data)
        # 計算 loss 並使用梯度下降法最佳化模型參數
        out['loss'].backward()
        optimizer.step()
        scheduler.step()
        optimizer.zero_grad()
```

```
        model.zero_grad()
        # 輸出各項資料的情況，便於觀察
        if i % 10 == 0:
            out = out['logits'].argmax(dim=1)
            accuracy = (out == labels).sum().item() / len(labels)
            lr = optimizer.state_dict()['param_groups'][0]['lr']
            print(i, loss.item(), lr, accuracy)
train()
```

由於自動模型自身包括計算 loss 的功能，所以在訓練函式中不需要手動計算 loss，直接使用自動模型計算出來的 loss 執行梯度下降即可，十分方便。

訓練過程的輸出見表 12-2。

▼ 表 12-2 訓練過程的輸出

| epochs | steps | loss | lr | accuracy | epochs | steps | loss | lr | accuracy |
|--------|-------|------|-----|----------|--------|-------|------|-----|----------|
| 0 | 0 | 10.02245 | 0.00050 | 0.00000 | 1 | 350 | 2.75063 | 0.00034 | 0.62500 |
| 0 | 50 | 8.73752 | 0.00049 | 0.18750 | 1 | 400 | 3.60000 | 0.00033 | 0.56250 |
| 0 | 100 | 7.15378 | 0.00048 | 0.25000 | 1 | 450 | 2.45644 | 0.00032 | 0.68750 |
| 0 | 150 | 6.03680 | 0.00047 | 0.25000 | 1 | 500 | 2.78668 | 0.00031 | 0.56250 |
| 0 | 200 | 6.47591 | 0.00047 | 0.06250 | 1 | 550 | 3.41117 | 0.00031 | 0.56250 |
| 0 | 250 | 3.80031 | 0.00046 | 0.43750 | 2 | 0 | 3.25477 | 0.00030 | 0.56250 |
| 0 | 300 | 7.02366 | 0.00045 | 0.25000 | 2 | 50 | 2.01454 | 0.00029 | 0.75000 |
| 0 | 350 | 5.19493 | 0.00044 | 0.31250 | 2 | 100 | 2.37261 | 0.00028 | 0.56250 |
| 0 | 400 | 5.88471 | 0.00043 | 0.31250 | 2 | 150 | 1.84013 | 0.00027 | 0.75000 |
| 0 | 450 | 4.16820 | 0.00042 | 0.43750 | 2 | 200 | 3.04104 | 0.00027 | 0.43750 |
| 0 | 500 | 6.24073 | 0.00041 | 0.37500 | 2 | 250 | 2.98019 | 0.00026 | 0.31250 |
| 0 | 550 | 4.36336 | 0.00041 | 0.37500 | 2 | 300 | 2.78399 | 0.00025 | 0.37500 |
| 1 | 0 | 3.57495 | 0.00040 | 0.37500 | 2 | 350 | 3.12790 | 0.00024 | 0.43750 |
| 1 | 50 | 4.21926 | 0.00039 | 0.37500 | 2 | 400 | 3.32452 | 0.00023 | 0.56250 |
| 1 | 100 | 3.14970 | 0.00038 | 0.62500 | 2 | 450 | 3.73159 | 0.00022 | 0.50000 |
| 1 | 150 | 3.07671 | 0.00037 | 0.37500 | 2 | 500 | 2.30659 | 0.00021 | 0.68750 |
| 1 | 200 | 3.61376 | 0.00037 | 0.56250 | 2 | 550 | 3.20079 | 0.00021 | 0.37500 |
| 1 | 250 | 3.38870 | 0.00036 | 0.50000 | 3 | 0 | 4.25911 | 0.00020 | 0.43750 |
| 1 | 300 | 5.34837 | 0.00035 | 0.43750 | 3 | 50 | 2.65927 | 0.00019 | 0.75000 |
| 3 | 100 | 2.20593 | 0.00018 | 0.75000 | 4 | 50 | 2.59006 | 0.00009 | 0.43750 |
| 3 | 150 | 2.55697 | 0.00017 | 0.68750 | 4 | 100 | 2.21236 | 0.00008 | 0.68750 |

（續表）

| epochs | steps | loss | lr | accuracy | epochs | steps | loss | lr | accuracy |
|---|---|---|---|---|---|---|---|---|---|
| 3 | 200 | 1.96937 | 0.00017 | 0.87500 | 4 | 150 | 3.92921 | 0.00007 | 0.43750 |
| 3 | 250 | 1.30773 | 0.00016 | 0.93750 | 4 | 200 | 1.77267 | 0.00007 | 0.75000 |
| 3 | 300 | 1.97550 | 0.00015 | 0.68750 | 4 | 250 | 2.40243 | 0.00006 | 0.56250 |
| 3 | 350 | 2.63103 | 0.00014 | 0.50000 | 4 | 300 | 2.84725 | 0.00005 | 0.62500 |
| 3 | 400 | 2.68644 | 0.00013 | 0.75000 | 4 | 350 | 2.03722 | 0.00004 | 0.81250 |
| 3 | 450 | 2.83742 | 0.00012 | 0.62500 | 4 | 400 | 2.57511 | 0.00003 | 0.62500 |
| 3 | 500 | 2.51999 | 0.00011 | 0.75000 | 4 | 450 | 1.93760 | 0.00002 | 0.75000 |
| 3 | 550 | 2.21308 | 0.00011 | 0.68750 | 4 | 500 | 2.04699 | 0.00001 | 0.68750 |
| 4 | 0 | 3.36912 | 0.00010 | 0.62500 | 4 | 550 | 2.00543 | 0.00001 | 0.81250 |

　　從表 12-2 可以看出，模型的預測正確率在緩慢上升，並且能夠觀察到 loss 隨著訓練的處理程序在不斷地下降，學習率也如預期在緩慢地下降。

## 2. 測試

　　最後，對訓練好的模型進行測試，以驗證訓練的有效性，程式如下：

```
# 第 12 章 / 測試
def test():
    # 定義測試資料集載入器
    loader_test = torch.utils.data.DataLoader(dataset=Dataset('test'),
                                              batch_size=32,
                                              collate_fn=collate_fn,
                                              shuffle=True,
                                              drop_last=True)
    # 將下游任務模型切換到執行模式
    model.eval()
    correct = 0
    total = 0
    # 按批次遍歷測試集中的資料
    for i, (data) in enumerate(loader_test):
        # 計算 5 個批次即可，不需要全部遍歷
        if i == 5:
            break
        print(i)
        # 計算
        with torch.no_grad():
            out = model(**data)
        # 統計正確率
        out = out['logits'].argmax(dim=1)
        correct += (out == labels).sum().item()
```

```
      total += len(labels)
    print(correct / total)
test()
```

執行結果如下：

```
0.89375
```

最終模型獲得了約 89.4% 正確率的成績。

## 12.5  深入自動模型原始程式碼

看完以上的例子，也許有的讀者會對自動模型內部的實現感興趣，這裡簡介 HuggingFace 內部的程式執行流程，以大致了解使用自動模型時 HuggingFace 是如何實現的。

### 1. 載入設定檔過程

首先來看載入設定檔的過程，程式如下：

```
# 第 12 章 / 載入預訓練模型
from transformers import AutoModelForSequenceClassification
# 載入模型
model = AutoModelForSequenceClassification.from_pretrained('bert-base-chinese',
num_labels=2)
```

當執行這段程式時，呼叫了 transformers/models/auto/auto_factory.py 檔案中的 _BaseAutoModelClass 類別的 from_pretrained() 函式。進入該函式後，首先根據模型的名稱，線上載入了該模型的設定檔，關鍵程式如下：

```
config, kwargs = AutoConfig.from_pretrained(
    pretrained_model_name_or_path,
    return_unused_kwargs=True,
    trust_remote_code=trust_remote_code,
    **kwargs)
```

傳回結果中的 kwargs 不重要，需要特別注意 config 物件，如果列印該物件，則內容 如下：

```
BertConfig {
  "_name_or_path": "bert-base-chinese",
```

```
"architectures": [
  "BertForMaskedLM"
],
"attention_probs_DropOut_prob": 0.1,
"classifier_DropOut": null,
"directionality": "bidi",
"hidden_act": "gelu",
"hidden_DropOut_prob": 0.1,
"hidden_size": 768,
"initializer_range": 0.02,
"intermediate_size": 3072,
"layer_norm_eps": 1e-12,
"max_position_embeddings": 512,
"model_type": "bert",
"num_attention_heads": 12,
"num_hidden_layers": 12,
"pad_token_id": 0,
"pooler_fc_size": 768,
"pooler_num_attention_heads": 12,
"pooler_num_fc_layers": 3,
"pooler_size_per_head": 128,
"pooler_type": "first_token_transform",
"position_embedding_type": "absolute",
"transformers_version": "4.18.0",
"type_vocab_size": 2,
"use_cache": true,
"vocab_size": 21128
}
```

從該物件可以看出，該物件內部儲存了初始化模型時所需要的所有參數，主要參數如下。

（1）_name_or_path=bert-base-chinese：定義了模型的名稱，也就是 checkpoint。

（2）attention_probs_DropOut_prob=0.1：注意力層 DropOut 的比例。

（3）hidden_act=gelu：隱藏層的啟動函式。

（4）hidden_DropOut_prob=0.1：隱藏層 DropOut 的比例。

（5）hidden_size=768：隱藏層神經元的數量。

（6）layer_norm_eps=1e-12：標準化層的 eps 參數。

（7）max_position_embeddings=512：句子的最大長度。

（8）model_type=bert：模型類型。

（9）num_attention_heads=12：注意力層的頭數量。

（10）num_hidden_layers=12：隱藏層層數。

（11）pad_token_id=0：PAD 的編號。

（12）pooler_fc_size=768：池化層的神經元數量。

（13）pooler_num_attention_heads=12：池化層的注意力頭數。

（14）pooler_num_fc_layers=3：池化層的全連接神經網路層數。

（15）vocab_size=21128：字典的大小。

## 2. 深入載入設定檔過程

有些讀者可能會對該設定檔的載入過程感興趣，HuggingFace 是如何根據一個模型的名稱載入到它對應的設定檔的呢？

如果繼續深入該函式，則可以追蹤到 transformers/configuration_utils.py 檔案中的 PretrainedConfig 類別的 _get_config_dict() 函式，該函式中的關鍵程式如下：

```
config_file = hf_bucket_url(pretrained_model_name_or_path,
                            filename=configuration_file,
                            revision=revision, mirror=None)
```

在這段程式中，呼叫了 hf_bucket_url() 函式，傳入參數中的 pretrained_model_name_or_path 即為模型的名稱，configuration_file 的值等於 config.json。

hf_bucket_url() 函式做的事情很簡單，使用了一個字串範本，把模型的名稱和 configuration_file 的值填入，獲得設定檔的 http 位址，關鍵程式如下：

```
return HUGGINGFACE_CO_PREFIX.format(model_id=model_id, revision=revision,
filename=filename)
```

這段程式中的 HUGGINGFACE_CO_PREFIX 為常數，值為 https://huggingface.co/{model_id}/resolve/{reversion}/{filename}。很顯然，這是一個字串範本，只要把其中的 model_id、reversion、filename 替換即可獲得設定檔的 http 位址。

model_id 即模型的名稱，reversion 的值沒有定義，預設使用 main，filename 的值為 config.json，所以全部替換完成後的設定檔的 http 位址為 https://huggingface.co/bert-base- chinese/resolve/main/config.json，如果在瀏覽器中存取該位址，則可得到設定檔的內容，如圖 12-2 所示。

至此，對於設定檔的載入過程，相信讀者已經理解，把模型的名稱填入一個 http 位址範本中，即可獲得設定檔的 http 載入位址。

按照這個理論，把範本中的模型名稱替換為其他的模型名稱，即可載入其他模型的設定檔。使用模型 roberta-base 實驗一次，範本替換後的造訪網址為 https://huggingface.co/roberta-base/resolve/main/config.json。在瀏覽器中存取的結果如圖 12-3 所示。

　　從圖 12-3 可以看出，存取結果成功地載入了 roberta-base 模型的設定檔。

## 3. 初始化模型過程

　　載入完設定檔，下一步就是根據設定檔初始化模型了，這一步的關鍵程式依然在 transformers/models/auto/auto_factory.py 檔案的 _BaseAutoModelClass 類別的 from_pretrained() 函式中。在載入完設定檔得到 config 物件後，使用該物件初始化了模型，關鍵程式如下：

```
model_class = _get_model_class(config, cls._model_mapping)
return model_class.from_pretrained(pretrained_model_name_or_path,
*model_args, config=config, **kwargs)
```

```
選單　https://huggingface.co/b  ×  +

<  >  C  88  ⬛ huggingface.co/bert-base-chinese/resolve/main/config.json

{
  "architectures": [
    "BertForMaskedLM"
  ],
  "attention_probs_dropout_prob": 0.1,
  "directionality": "bidi",
  "hidden_act": "gelu",
  "hidden_dropout_prob": 0.1,
  "hidden_size": 768,
  "initializer_range": 0.02,
  "intermediate_size": 3072,
  "layer_norm_eps": 1e-12,
  "max_position_embeddings": 512,
  "model_type": "bert",
  "num_attention_heads": 12,
  "num_hidden_layers": 12,
  "pad_token_id": 0,
  "pooler_fc_size": 768,
  "pooler_num_attention_heads": 12,
  "pooler_num_fc_layers": 3,
  "pooler_size_per_head": 128,
  "pooler_type": "first_token_transform",
  "type_vocab_size": 2,
  "vocab_size": 21128
}
```

▲圖 12-2　存取設定檔 http 位址的結果

▲圖 12-3　存取 roberta-base 模型的設定檔

　　執行這段程式中的第 1 行後，獲得變數 model_class，它的值等於 <class 'transformers.models.bert.modeling_bert.BertForSequenceClassification'>，這 就 是要初始化的模型類別，下一步呼叫了該模型的 from_pretrained 函式，並把模型的名稱傳入，追蹤該步可到達 transformers/models/bert/modeling_bert.py 檔案的 BertForSequenceClassification 類別的 __init__() 函式。該類別繼承自 PyTorch 的模型物件，所以它也是一個 PyTorch 模型。

　　__init__() 函式中的關鍵程式如下：

```
self.num_labels = config.num_labels
self.config = config
self.bert = BertModel(config)
classifier_DropOut = (
    config.classifier_DropOut if config.classifier_DropOut is not None else config.
hidden_DropOut_prob
)
self.DropOut = nn.DropOut(classifier_DropOut)
self.classifier = nn.Linear(config.hidden_size, config.num_labels)
```

從這段程式可以看出，該模型中包括一個BERT模型和一個全連接神經網路。很顯然該模型的計算過程就是使用BERT模型取出文字的特徵向量，再把特徵向量輸入全連接神經網路進行分類計算。

以上推測可以透過閱讀該模型的 forward() 函式進行驗證，關鍵程式如下：

```
outputs = self.bert(
    input_ids,
    attention_mask=attention_mask,
    token_type_ids=token_type_ids,
    position_ids=position_ids,
    head_mask=head_mask,
    inputs_embeds=inputs_embeds,
    output_attentions=output_attentions,
    output_hidden_states=output_hidden_states,
    return_dict=return_dict,
)
pooled_output = outputs[1]
pooled_output = self.DropOut(pooled_output)
logits = self.classifier(pooled_output)
```

在這段程式中，首先使用BERT模型取出了文字的特徵向量，再在特徵向量上計算 DropOut 和分類，這和之前預想的計算過程完全一致。

HuggingFace 的模型還有計算 loss 的功能，loss 的計算同樣是在 forward() 函式中，計算 loss 的關鍵程式如下：

```
loss_fct = CrossEntropyLoss()
loss = loss_fct(logits.view(-1, self.num_labels), labels.view(-1))
```

可以看到，在文字分類任務中比較簡單，計算 CrossEntropyLoss 即可。

### 4. 載入預訓練參數

至此，模型初始化完畢了，但是此時的模型還只是一個框架而已，沒有載入預訓練參數，模型中所有的參數還沒有被訓練，接下來就要載入預訓練參數，填入模型中。

這項工作是在 transformers/modeling_utils.py 檔案的 PreTrainedModel 類別的 from_ pretrained() 函式中完成的，關鍵程式如下：

```
archive_file = hf_bucket_url(
```

```
    pretrained_model_name_or_path,
    filename=filename,
    revision=revision,
    mirror=mirror,
)
```

函式 hf_bucket_url() 在之前載入模型配置時已經介紹了，它的功能是對 http 範本中的各個預留位置進行替換，得到可存取的 http 位址。上次呼叫該函式是要獲得模型設定檔的造訪網址，而這次是要獲得模型參數檔案的造訪網址。

參數中的 pretrained_model_name_or_path 很顯然就是模型的名稱，如果 filename 的值等於 PyTorch_model.bin 且 revision 的值等於 None，則在替換時預設使用 main。

執行完成後便可得到模型設定檔的造訪網址 https://huggingface.co/bert-base-chinese/ resolve/main/PyTorch_model.bin。

由於模型的參數檔案往往比較大，如果每次都線上載入，則比較浪費資源，所以在首次載入後會被快取在本地磁碟，並且在載入該線上檔案前會先檢查本地快取，如果之前已經被快取，則使用本地快取即可，不需要再次線上載入，以節約資源；反之，如果沒有快取，則需要線上載入參數檔案，並快取到本地磁碟。執行該過程的關鍵程式如下：

```
resolved_archive_file = cached_path(
    archive_file,
    cache_dir=cache_dir,
    force_download=force_download,
    proxies=proxies,
    resume_download=resume_download,
    local_files_only=local_files_only,
    use_auth_token=use_auth_token,
    user_agent=user_agent,
)
```

執行該函式，可能會使用本地快取或線上載入參數檔案，無論是哪種情況，執行完成後，都會得到本地的快取路徑，值為 /root/.cache/huggingface/transformers /58592490276d9ed1e8e 33f3c12caf23000c22973cb2b3218c641bd74547a1889.fabda197 bfe5d6a318c2833172d6757ccc7e49f692cb949a6fabf560cee81508。

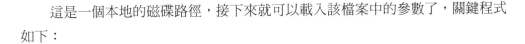

這是一個本地的磁碟路徑，接下來就可以載入該檔案中的參數了，關鍵程式
如下：

```
state_dict = load_state_dict(resolved_archive_file)
```

這裡使用了之前得到的快取路徑，載入為 PyTorch 的設定檔，接下來需要把
參數檔案填入模型中，關鍵程式如下：

```
model, missing_keys, unexpected_keys, mismatched_keys, error_msgs = cls.
_load_pretrained_model(
    model,
    state_dict,
    resolved_archive_file,
    pretrained_model_name_or_path,
    ignore_mismatched_sizes=ignore_mismatched_sizes,
    sharded_metadata=sharded_metadata,
    _fast_init=_fast_init,
)
```

至此，就獲得了一個填好了預訓練參數的模型，它使用一個 BERT 模型作為
backbone，並增加了一個全連接神經網路作為下游任務模型，能夠完成文字的分
類任務。

## 12.6　小結

本章透過一個文字分類的例子演示了 HuggingFace 自動模型的使用方法，
使用 HuggingFace 自動模型不需要手動計算 loss，也不需要手動定義下游任務模
型，使用起來十分方便。對於進階讀者，還可以透過閱讀自動模型的程式了解
HuggingFace 是如何實現不同任務的下游任務模型的，進而提高自身的建模能力。

# 預訓練模型底層原理篇

# 第 13 章
# 手動實現 Transformer

## 13.1　Transformer 架構

完成了上面的實驗，有些讀者可能會對 BERT 的內部是如何計算的感興趣，為什麼 BERT 能夠極佳地取出文字特徵呢？要講清楚 BERT 的工作原理，需要先理解 BERT 的前身 Transformer。BERT 模型的建構使用了 Transformer 的部分元件，如果理解了 Transformer，則能很輕鬆地理解 BERT。所以在本章中，將講解 Transformer 模型的設計想法和計算方法。

Transformer 最初的設想是作為文字翻譯模型使用的，在本章中將延續它設計的初衷，將使用 Transformer 實現一個簡單的翻譯任務。

在正式開始本章的任務之前，先從架構層面看一看 Transformer 的設計想法。讓我們從圖 13-1 開始。

▲ 圖 13-1　黑盒結構

當我們對 Transformer 一無所知時，我們不理解它內部的計算過程，它對我們來講是個黑盒結構，我們輸入一句話，它會輸出一句話，而輸入和輸出之間剛好形成了原文和譯文的關係，如圖 13-2 所示，這就是廣義上的翻譯任務。

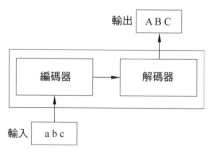

▲ 圖 13-2 編碼器和解碼器結構

現在把 Transformer 這個黑盒打開一點點，會看到它內部有一個編碼器和一個解碼器，很顯然，編碼器負責讀取原文，從原文中取出特徵後交給解碼器生成譯文。

現在把編碼器和解碼器都再打開一點點，看一看它們的內部構造，如圖 13-3 所示。

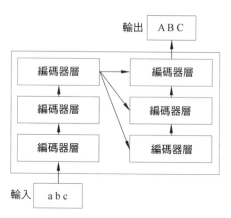

▲ 圖 13-3 編碼器和解碼器展開圖

從圖 13-3 可以看出，編碼器和解碼器的內部都是多層結構，圖中畫出的是 3 層，實際情況中可能多於這個數字。編碼器在計算時，多層編碼器是前後串列的結構，最後一層取出的文字特徵作為最終的文字特徵。解碼器同樣是前後串列的結構，每次的計算輸入除了前一層的計算輸出，還包括了編碼器取出的文字特徵。

如果要把上面的計算過程類比成人類思考的過程，則可以設想這樣一個場景，一個人看到了一句中文，他的任務是把這句中文翻譯成英文，他大體上需要分兩步來完成這項任務，首先需要把中文讀到大腦中，讀的過程往往不是一次完成的，人類在做這件事情時往往依靠潛意識，所以很難意識到讀的過程需要很多次，同樣一句話，第 1 次讀和第 2 次讀往往有不同的感覺，這就相當於 Transformer 中的多層編碼器。在讀取文字後，人類需要組織語言把這句話翻譯成英文，翻譯的過程同樣需要多次「改稿」，最終人類在大腦中完成翻譯工作，組織了一句滿意的譯文，相當於 Transformer 中的多層編碼器。

現在更加深入一點點，打開每層編碼器和解碼器，看一看它們的內部構造，如圖 13-4 所示。

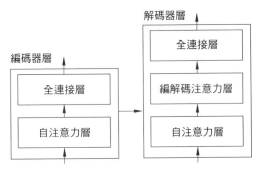

▲圖 13-4　編碼器和解碼器的內部結構

從圖 13-4 中可以看出，編碼器層的計算包括兩步，分別是自注意力層計算和全連接層計算。再看一看解碼器層的計算，會發現解碼器層的計算和解碼器層的計算過程很相似，只是多了一層，即編解碼注意力層計算，這些層的計算過程我們稍後都會詳細講解。

## 13.2　注意力

### 13.2.1　為什麼需要注意力

在講解自注意力的計算過程之前，先介紹為什麼需要自注意力，以及自注意力的計算起什麼作用。Transformer 的設計初衷是完成翻譯任務，在翻譯任務中，最重要的困難是找出詞與詞之間的對應關係，如圖 13-5 所示。

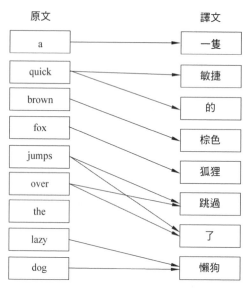

▲圖 13-5 自注意力求詞與詞之間的對應關係

從圖 13-5 可以看出，原文和譯文之間的詞有對應關係，需要注意的是圖 13-5 僅為示意，並非真實的對應關係。事實上在真實的注意力計算中原文的所有詞和譯文的所有詞是完全連接的，此處以原文中的詞 fox 單獨舉例，如圖 13-6 所示。

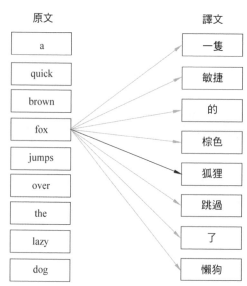

▲圖 13-6 一個詞的自注意力權重

從圖 13-6 可以看出，原文中的 fox 是和譯文中的所有詞求注意力權重的，只是權重值有大有小，圖中以連線的顏色深淺來表現，可以看到原文中的 fox 和譯文中的「狐狸」注意力權重最大，這告訴了 Transformer 模型原文中的 fox 應該翻譯為譯文中的「狐狸」。

如果把原文中的所有詞的注意力權重都計算出來，並且隱藏權重低的對應關係，就獲得了圖 13-5，有了這樣的對應關係能幫助 Transformer 更進一步地捕捉到翻譯任務中的詞對應關係，進而提高翻譯的品質。

## 13.2.2 注意力的計算過程

現在已經看過 Transformer 的內部結構了，大概知道了 Transformer 的計算過程，但是還不理解什麼是自注意力的計算。為了講解清楚自注意力的計算過程，設想一下，現在有一句話，這句話中有兩個詞，分別是 a 和 b，為了便於後續的計算，這句話已經被分詞且轉換成了向量形式，如圖 13-7 所示。

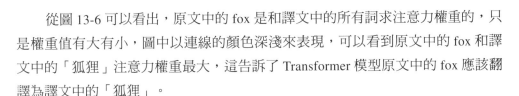

▲圖 13-7 詞向量形式的一句話

按照 Transformer 的計算過程，要翻譯這句話首先要把這句話輸入第 1 層編碼器進行計算，而第 1 層編碼器的第 1 步計算就是要對這句話計算自注意力。

在計算自注意力之前，首先需要對這兩個詞的向量進行投影，如何做到這一點呢？很簡單，使用一個矩陣和詞向量相乘即可，此處給這個矩陣起名為 WQ，意思是 Weight of Queries，如圖 13-8 所示。

▲圖 13-8 使用 WQ 矩陣投影詞向量得到 Queries 向量

從圖 13-8 可以看出，詞向量本身是 $1 \times 4$ 向量，**WQ** 矩陣的形狀是 $4 \times 3$，兩者相乘之後等於 $1 \times 3$ 向量，即圖中的 Queries。

與生成 Queries 的過程相同，如果再多兩個矩陣，就可以再多生成兩個詞向量。此處把這兩個矩陣分別稱為 **WK**（Weight of Keys）和 **WV**（Weight of Values）。現在根據一組詞向量，透過這 3 個矩陣，投影得到三組詞向量，分別是 Queries、Keys、Values，後續將簡稱為 **Q**、**K**、**V**，如圖 13-9 所示。

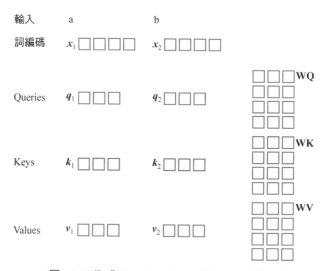

▲圖 13-9 生成 Queries、Keys 和 Values 詞向量

得到 **Q**、**K**、**V** 詞向量以後，就可以開始計算自注意力了，計算過程如圖 13-10 所示。

從圖 13-10 可以看出，自注意力是按照每個詞分別計算的，先來看 a 這個詞的計算過程。

（1）當前詞的 **Q** 和每個詞的 **K** 相乘，在這個簡單的例子當中只有兩個詞，表示也只有兩組 **Q**、**K**、**V**，所以此處要進行的計算有 $q_1 \times k_1 = 112$，$q_1 \times k_2 = 96$。計算的結果僅是範例。

（2）上一步的計算結果除以詞向量編碼維度的平方根，這裡假設詞向量編碼的維度是 64，64 的平方根是 8，所以應該是 $112 \div 8 = 14$，$96 \div 8 = 12$。

（3）對上一步計算的結果再計算 Softmax，Softmax$(14,12)$=[0.88, 0.12]。

▲ 圖 13-10 自注意力的計算過程

（4）上一步計算的結果和每個詞的 $V$ 相乘，所以應該是 $v_1=0.88 \times v_1$，$v_2=0.12 \times v_2$。

（5）上一步計算的結果求和，即為當前詞的注意力分數，所以 a 這個詞的注意力分數為 $z_1=v_1+v_2$。

以上描述的是詞 a，針對詞 b，計算的過程是一樣的。

## 13.2.3 注意力計算的矩陣形式

從上面的描述可以看出，每個詞的注意力分數的計算過程是相互獨立的，詞和詞之間沒有前後相互依賴性，所以可以平行計算，這也是 Transformer 取出文字特徵的效率高於 RNN 的原因。考慮到並行性這一點，可以把以上計算流程轉換成矩陣計算，如圖 13-11 所示。

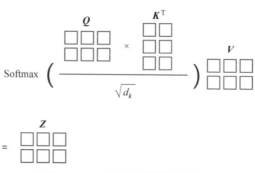

▲圖 13-11 自注意力的矩陣計算形式

按照之前的描述，使用 **WQ**、**WK**、**WV** 三個矩陣把詞向量投影，獲得了 $Q$、$K$、$V$ 詞向量。再使用 $Q$、$K$、$V$ 詞向量計算得到一組注意力分數。

## 13.2.4 多頭注意力

當只有一組 **WQ**、**WK**、**WV** 矩陣時，只能計算一組注意力分數，稱為單頭注意力。

現在設想一下，如果有多組 **WQ**、**WK**、**WV** 矩陣，就可以針對一句話計算多組注意力分數，稱為多頭注意力。

與單頭注意力相比，多頭注意力往往能取出更豐富的文字特徵資訊。兩者的對比如圖 13-12 所示。

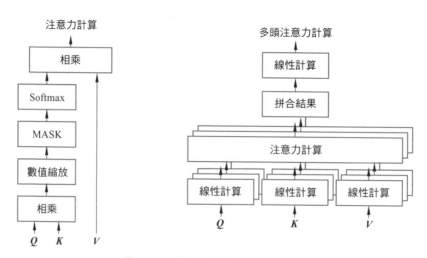

▲圖 13-12 單頭注意力對比多頭注意力

現在看一個多頭注意力的完整計算過程，如圖 13-13 所示。

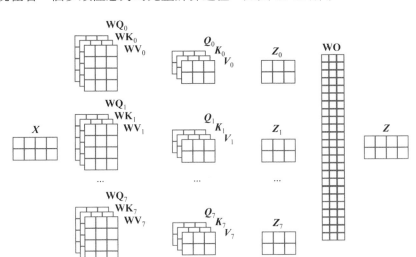

▲圖 13-13　多頭注意力的完整計算過程

從圖 13-13 可以看出，多頭注意力使用了多組 **WQ**、**WK**、**WV** 矩陣，投影獲得了多組 $Q$、$K$、$V$ 詞向量，再計算出多組 $Z$。

此時出現了一個問題，如何把多組 $Z$ 整合成一個注意力分數呢？自然的想法是把多個 $Z$ 左右拼合在一起，但這會造成多頭注意力的頭數越多，$Z$ 的數量越多，最後出現拼合得到的矩陣越「寬」的問題。

所以在多頭注意力計算的最後，會使用一個「又高又窄」的矩陣和「又寬又扁」的 $Z$ 矩陣相乘，得到「不胖不瘦」的 $Z$ 矩陣，即最後的注意力分數矩陣。

## 13.3　位置編碼

### 13.3.1　為什麼需要位置編碼

看完了上面的計算過程，相信仔細的讀者已經發現了一個問題，之前提到 Transformer 當中每個詞的注意力分數是單獨計算的，不依賴其他的詞，所以所有詞的注意力分數可以平行計算，這提高了 Transformer 計算的效率，但是也造成了每個詞出現在句子的任何位置，計算出來的注意力分數都一樣的問題。為了更清晰地說明這個問題，透過一個例子來說明，如圖 13-14 所示。

▲ 圖 13-14　交換詞序意思不變的句子

在圖 13-14 中，兩句話所使用的詞語完全一樣，只是組成句子的順序不同，而且兩句話的意思也一樣，在這樣的情況下兩句話計算出相同的注意力分數是沒有問題的，因為兩句話的意思相同，可以使用同一組注意力分數來表示這兩句話。這表示這兩句話的翻譯結果將相同，但是在有些情況下交換詞的順序會導致一句話的意思改變，例如圖 13-15 中的例子。

▲ 圖 13-15　交換詞序句子的意思改變

在如圖 13-15 所示的例子中，兩句話依然使用了完全同樣的詞，只是組成句子的順序不同，和圖 13-14 中的情況不同，這次兩句話的意思由於詞序的不同而改變了。此時兩句話計算出同樣的注意力分數將出現問題，顯然這兩句話不應該翻譯出同樣的譯文。

綜上所述，Transformer 不同於 RNN，在計算每個詞的注意力分數時不考慮詞的位置資訊，所以需要在詞的編碼中加入位置資訊，以讓處於不同位置的詞的編碼有所不同，相互區分。

## 13.3.2　位置編碼計算過程

為了做到這一點，Transformer 的做法是在詞向量編碼中加入一個位置編碼的資訊，如圖 13-16 所示。

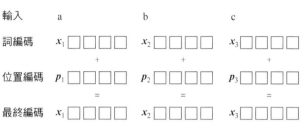

▲圖 13-16　在詞向量編碼中加入位置編碼資訊

從圖 13-16 可以看出，位置編碼資訊是一個形狀和詞向量編碼一樣的向量，最終的詞向量編碼等於原始的詞向量和位置編碼資訊相加。

位置編碼矩陣的計算公式如式 (13-1) 和式 (13-2) 所示。

$$PE_{pos,2i} = \sin\left(\frac{pos}{10000^{1i/d\_model}}\right) \tag{13-1}$$

$$PE_{pos,2i+1} = \cos\left(\frac{pos}{10000^{1i/d\_model}}\right) \tag{13-2}$$

式 (13-1) 和式 (13-2) 中的 pos 表示詞的位置，$i$ 表示詞向量編碼的位置，d_model 表示詞向量編碼的位置。

從式 (13-1) 和式 (13-2) 可以看出，位置編碼矩陣的尺寸可以擴展到無限大，結合實際來講，位置編碼矩陣的行數不能少於句子中詞的數量，位置編碼矩陣的列數應該等於詞向量編碼的維度，實際計算可參照圖 13-17。

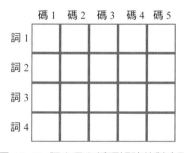

▲圖 13-17　詞向量和編碼矩陣的對應關係

在圖 13-17 中假設一句話有 4 個詞，將每個詞編碼成 5 維的向量，則這句話的編碼矩陣和圖中所示相同，是一個 4×5 的矩陣，即每個詞對應矩陣中的一行，每維度的詞向量編碼對應矩陣中的一列。相對應的位置編碼矩陣也是同樣的形狀，兩個矩陣的形狀相同，可以執行相加操作，相加之後就是需要的最終編碼矩陣了。

位置編碼矩陣的偶數列使用式 (13-1) 計算，奇數列使用式 (13-2) 計算，如果把位置編碼的光譜畫出，則將如圖 13-18 所示。

從圖 13-18 可以看出，位置編碼矩陣的每列都是一個週期函式，數值會從大變小，再從小變大，週期變化，並且越靠前的列震盪的週期越短，越往後的列震盪的週期越長，越趨向於穩定。

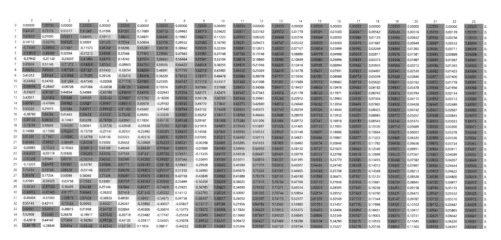

▲圖 13-18 位置編碼矩陣的光譜

位置編碼矩陣在 Transformer 當中是一個常數，一次計算完成後，後續不會再有任何更新，所以位置編碼矩陣本身並不是一個可學習的參數，這和 Transformer 的一些延伸模型相區別，例如在 BERT 和 GPT2 當中就把位置編碼矩陣當作可學習的參數，會隨著模型的訓練而不斷變化。

## 13.4　MASK

### 13.4.1　PAD MASK

在自然語言處理任務中，為了提高效率，往往成批地處理句子，要提高計算效率，就要把批次中的句子組合成矩陣進行計算，但是在一個批次中，句子往往有長有短，為了把長短不一的句子補充成同樣的長度，就需要對短的句子補充 PAD，這些 PAD 本身沒有任何意義，僅是為了讓短的句子加長，以和批次中長的句子組合成矩陣，如圖 13-19 所示。

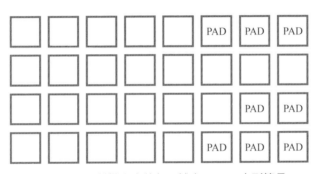

▲圖 13-19　對批次中的句子補充 PAD，直到等長

在 Transformer 當中計算時，為了忽略這些沒有意義的 PAD，就需要使用 MASK 遮擋這些 PAD，如果不這樣做，模型則可能會花很多時間去研究 PAD 是什麼，為了防止模型做這樣的無用功，所以需要 PAD MASK，如圖 13-20 所示。

|  | 詞 1 | 詞 2 | PAD |
|---|---|---|---|
| 詞 1 |  |  | MASK |
| 詞 2 |  |  | MASK |
| PAD |  |  | MASK |

▲圖 13-20　PAD MASK

在圖 13-20 中，虛擬了兩句話，這兩句話在句尾各有 1 個 PAD，現在我們假設豎著的句子（列）為原文，橫著的句子（行）為譯文，在計算原文對譯文的注意力分數時，對譯文當中是 PAD 的詞位置使用 MASK 遮罩，這表示這些位置的注意力分數是 0。

也就是說，原文中的詞 1、詞 2、PAD 只會計算針對譯文中的詞 1、詞 2 的注意力分數，而不會計算針對譯文 PAD 的注意力。

## 13.4.2 上三角 MASK

除了 PAD MASK 之外，Transformer 當中還有一個上三角 MASK，如圖 13-21 所示。

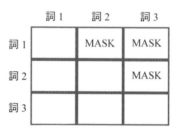

▲ 圖 13-21 上三角 MASK

需要上三角 MASK 的原因是在 Transformer 的解碼器中，需要根據當前詞解碼出下一個詞，為了加速 Transformer 的訓練，將使用強制教學的方法，所以在解碼階段，會把正確的譯文輸入解碼器中，解碼器其實是在有正確答案的情況下做題的，如果解碼器只是不斷地照抄答案，則它能很輕易地取得極高的分數，但很顯然它並沒有學到任何知識，這會導致它在實際預測時的準確率極低，這顯然並不是我們想要的。

所以為了防止解碼器照抄答案，需要使用上三角 MASK 對正確答案進行部分遮擋，這樣編碼器在預測第 2 個詞時，只能看到第 1 個詞的答案，第 1 個詞以後的答案是不可見的，這強制了編碼器必須自己預測第 2 個詞的答案，在解碼器列舉出了答案以後，再根據第 2 個詞的答案預測第 3 個詞，依此類推。

從上面的說明能看出來，解碼器是一個詞一個詞地依序預測的，後一個詞的預測依賴於前一個詞的預測結果，這導致解碼的錯誤容易累計，在前一個詞預測錯誤的情況下，後續所有的詞都會預測錯誤，從而導致解碼的訓練效率太低，為了提高訓練的效率，在 碼器每預測一個詞後，無論錯誤與否，都強制使用正確答案預測下一個詞，這被稱為強制教學。強制教學確保了編碼器的錯誤不會累計，無論前一個詞的預測是否正確，都能使用正確的詞預測下一個詞，從而提高解碼器的訓練效率。

圖 13-21 演示的是譯文中沒有 PAD 的情況，如果譯文中有 PAD，則還需要對上三角 MASK 疊加 PAD MASK，如圖 13-22 所示。

| | 詞 1 | 詞 2 | PAD |
|---|---|---|---|
| 詞 1 | | MASK | MASK |
| 詞 2 | | | MASK |
| 詞 3 | | | MASK |

▲圖 13-22 上三角 MASK 疊加 PAD MASK

# 13.5 Transformer 計算流程

## 13.5.1 編碼器

講解完了上面 Transformer 當中的一些計算細節之後，現在來從整體上看一下 Transformer 的計算流程，首先看編碼器的計算過程，如圖 13-23 所示。

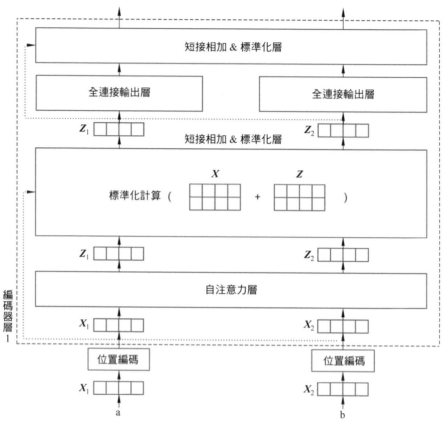

▲ 圖 13-23 編碼器計算流程

從圖 13-23 可以看出，編碼器的計算流程如下：

（1）文字編碼成詞向量之後和位置編碼矩陣相加，得到最終編碼向量 $x_1$、$x_2$。

（2）輸入編碼器後，計算每個詞的自注意力分數，得到 $z_1$、$z_2$。

（3）注意力分數 $z_1$、$z_2$ 和最終編碼向量 $x_1$、$x_2$ 相加，這一步的目的是做短接，防止梯度消失。

（4）短接之後的結果計算批次標準化，把數值穩定為平均值 0，標準差為 1 的標準正態分佈，計算得到的結果重新給予值為 $z_1$、$z_2$。

（5）對 $z_1$ 和 $z_2$ 分別計算線性輸出。

（6）線性輸出和 $z_1$、$z_2$ 再次做短接，並再次做批次標準化後輸出。

## 13.5.2 整體計算流程

以上是編碼器的計算流程，接下來結合解碼器看 Transformer 的整體計算流程，如圖 13-24 所示。

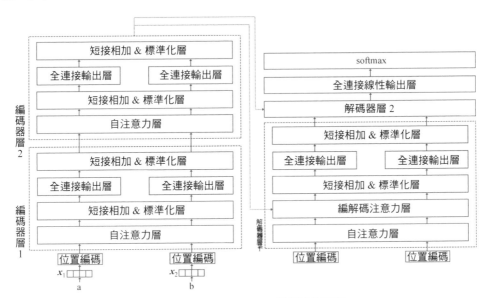

▲ 圖 13-24 Transformer 整體計算流程

從圖 13-24 可以看出，在 Transformer 中編碼器往往是多層的，每層編碼器之間是串列的關係，後一層編碼器的輸入是前一層編碼器的輸出，最後一層編碼器的輸出即為整體編碼器的輸出，將作為每層解碼器的傳入參數的一部分。

現在再看一下解碼器的計算流程，解碼器的計算流程和編碼器很類似，只是多了一層編解碼注意力層的計算，這一層也需要用到編碼器輸出的部分，這一層的計算細節此處不展開，稍後在程式中將看得更加清楚。

和編碼器一樣，解碼器同樣有多層，每層之間是串列的關係，最後一層的輸出再經過線性層的計算，最後使用 Softmax() 函式啟動，即為 Transformer 模型的最終輸出。

## 13.5.3 解碼器解碼過程詳細講解

解碼器的解碼過程是一個詞一個詞地依序預測的，如圖 13-25 所示。

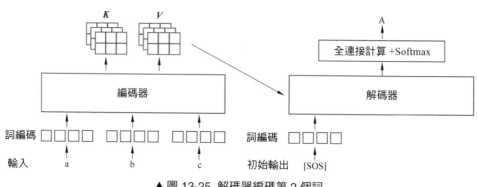

▲圖 13-25 解碼器編碼第 2 個詞

在圖 13-25 中，編碼器的計算已經完成，解碼器需要根據編碼器的計算結果解碼譯文，解碼器的計算往往是從第 2 個詞開始的，而不會從第 1 個詞開始，因為第 1 個詞往往是特殊符號，是一個常數。現在假設解碼器的輸入包括第 1 個詞 [SOS] 和編碼器的計算結果，解碼器將解碼出詞 A。

下一步解碼器要預測第 3 個詞，解碼器的輸入將包括前兩個詞 [SOS] 和 A 及編碼器的計算結果，解碼器將解碼出詞 B，如圖 13-26 所示。

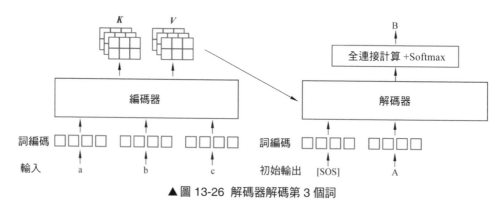

▲圖 13-26 解碼器解碼第 3 個詞

重複以上過程，直到解碼完成，如圖 13-27 所示。

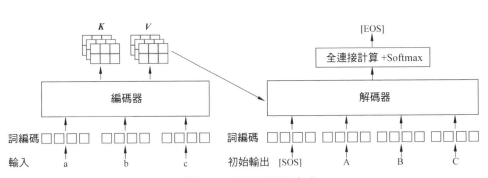

▲ 圖 13-27 解碼器解碼完成

### 13.5.4　整體架構

　　最後列舉出 Google 官方的 Transformer 整體架構圖，僅供參考，如圖 13-28 所示。

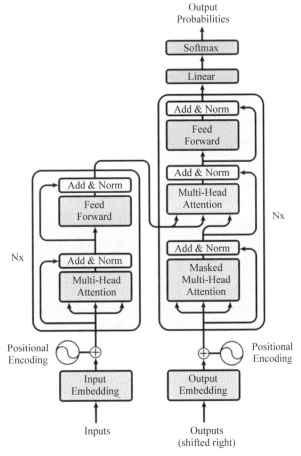

▲ 圖 13-28 Transformer 整體架構

## 13.6 簡單翻譯任務

### 13.6.1 任務介紹

講解完了以上理論知識，現在將手動實現一個 Transformer 模型，完成一個簡單的翻譯任務，以更直觀地理解 Transformer 的計算過程。

考慮到自然語言的複雜性，而且本章的目標是要理解 Transformer 的計算過程，所以不會涉及太複雜的任務，而是完成一個儘量簡單的任務，以更清晰地觀察到 Transformer 的計算過程。

接下來介紹本次任務中原文和譯文的生成策略，原文的生成策略如圖 13-29 所示。

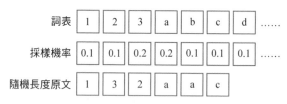

▲ 圖 13-29 原文的生成策略

在本次任務中，原文的生成策略是從一個有限詞表中按一定的機率隨機採樣，生成隨機長度的原文。這並不是自然語言，但可以模擬一句自然語言而且足夠簡單，便於我們觀察 Transformer 的計算過程。

譯文的生成策略如圖 13-30 所示。

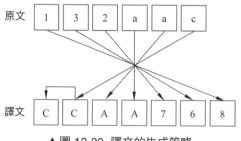

▲ 圖 13-30 譯文的生成策略

出於簡單起見，譯文的生成策略也簡單清晰，譯文中第 1 個詞雙寫，剩下的詞和原文的詞一一對應，如果是數字，則取 9 以內的互補數，如果是字母，則取大寫，並且順序是原文的整體反向。首字母雙寫的目的一方面是為了增加對應複雜度，讓這個任務不至於過分簡單，另一方面是為了讓譯文比原文多一位，這會給後續的計算提供方便。

和大多數的 NLP 任務一樣，在本次任務中也會對文字進行前置處理，會對每一句文字增加首尾識別字，此外由於文字是隨機長度的，所以文字是長短不一的，為了更方便地處理這些文字，我們會把文字都補充到固定的長度，如圖 13-31 所示。

| | | | | | | | | |
|---|---|---|---|---|---|---|---|---|
| SOS | r | 6 | i | j | EOS | PAD | PAD | PAD |
| SOS | 3 | e | 7 | t | 2 | u | EOS | PAD |
| SOS | v | k | a | 0 | 5 | EOS | PAD | PAD |
| SOS | z | b | l | c | EOS | PAD | PAD | PAD |

▲圖 13-31 文字資料前置處理

出了方便敘述，後將使用 x 和 y 表示原文和譯文。

## 13.6.2 定義資料集

首先把本次任務要使用的字典定義出來，程式如下：

```
#第 13 章/定義字典
vocab_x = '<SOS>,<EOS>,<PAD>,0,1,2,3,4,5,6,7,8,9,q,w,e,r,t,y,u,i,o,p,a,s,d,
f,g,h, j,k,l,z,x,c,v,b,n,m'
vocab_x = {word: i for i, word in enumerate(vocab_x.split(','))}
vocab_xr = [k for k, v in vocab_x.items()]
vocab_y = {k.upper(): v for k, v in vocab_x.items()}
vocab_yr = [k for k, v in vocab_y.items()]
print('vocab_x=', vocab_x)
print('vocab_y=', vocab_y)
```

在這段程式中分別定義了 x 和 y 的字典，執行結果如下：

```
vocab_x= {'<SOS>': 0, '<EOS>': 1, '<PAD>': 2, '0': 3, '1': 4, '2': 5, '3': 6,
'4': 7, '5': 8, '6': 9, '7': 10, '8': 11, '9': 12, 'q': 13, 'w': 14, 'e': 15,
'r': 16, 't': 17, 'y': 18, 'u': 19, 'i': 20, 'o': 21, 'p': 22, 'a': 23, 's': 24,
'd': 25, 'f': 26, 'g': 27, 'h': 28, 'j': 29, 'k': 30, 'l': 31, 'z': 32, 'x': 33,
'c': 34, 'v': 35, 'b': 36, 'n': 37, 'm': 38}
vocab_y= {'<SOS>': 0, '<EOS>': 1, '<PAD>': 2, '0': 3, '1': 4, '2': 5, '3': 6,
'4': 7, '5': 8, '6': 9, '7': 10, '8': 11, '9': 12, 'Q': 13, 'W': 14, 'E': 15,
'R': 16, 'T': 17, 'Y': 18, 'U': 19, 'I': 20, 'O': 21, 'P': 22, 'A': 23, 'S': 24,
'D': 25, 'F': 26, 'G': 27, 'H': 28, 'J': 29, 'K': 30, 'L': 31, 'Z': 32, 'X': 33,
'C': 34, 'V': 35, 'B': 36, 'N': 37, 'M': 38}
```

vocab_x 和 vocab_y 分別代表了 x 和 y 的字典，字典內容就是簡單的每個詞和某個數字的對應關係，包括特殊符號。為了方便以後列印預測結果，還建構了兩個逆字典，也就是透過數字找到對應的原文。

接下來定義生成資料的函式，程式如下：

```
# 第 13 章 / 定義生成資料的函式
import random
import numpy as np
import torch
def get_data():
    # 定義詞集合
    words = [
        '0', '1', '2', '3', '4', '5', '6', '7', '8', '9', 'q', 'w', 'e', 'r',
        't', 'y', 'u', 'i', 'o', 'p', 'a', 's', 'd', 'f', 'g', 'h', 'j', 'k',
        'l', 'z', 'x', 'c', 'v', 'b', 'n', 'm'
    ]
    # 定義每個詞被選中的機率
    p = np.array([
        1, 2, 3, 4, 5, 6, 7, 8, 9, 10, 1, 2, 3, 4, 5, 6, 7, 8, 9, 10, 11, 12,
        13, 14, 15, 16, 17, 18, 19, 20, 21, 22, 23, 24, 25, 26
    ])
    p = p / p.sum()
    # 隨機選 n 個詞
    n = random.randint(30, 48)
    x = np.random.choice(words, size=n, replace=True, p=p)
    # 採樣的結果就是 x
    x = x.tolist()
    #y 是由對 x 的變換得到的
    # 字母大寫，數字取 9 以內的互補數
    def f(i):
        i = i.upper()
        if not i.isdigit():
            return i
        i = 9 - int(i)
```

```
        return str(i)
    y = [f(i) for i in x]
    # 反向
    y = y[::-1]
    #y 中的首字母雙寫
    y = [y[0]] + y
    # 加上首尾符號
    x = ['<SOS>'] + x + ['<EOS>']
    y = ['<SOS>'] + y + ['<EOS>']
    # 補 PAD，直到固定長度
    x = x + ['<PAD>'] * 50
    y = y + ['<PAD>'] * 51
    x = x[:50]
    y = y[:51]
    # 編碼成資料
    x = [vocab_x[i] for i in x]
    y = [vocab_y[i] for i in y]
    # 轉 Tensor
    x = torch.LongTensor(x)
    y = torch.LongTensor(y)
    return x, y
get_data()
```

這個函式每呼叫一次就按照之前所說的策略生成一對 x、y，執行結果如下：

```
(tensor([ 0, 38, 36, 35, 36, 30, 34,  5, 37, 34, 31, 38, 28, 35, 37, 38, 24,
         34, 28, 30, 35, 33, 27, 34, 25, 36, 12, 22, 37, 24, 26, 27, 31,  8,
         28, 19,24, 30, 27, 23, 24,  1,  2,  2,  2,  2,  2,  2,  2,  2]),
 tensor([ 0, 24, 24, 23, 27, 30, 24, 19, 28,  7, 31, 27, 26, 24, 37, 22,  3,
         36, 25, 34, 27, 33, 35, 30, 28, 34, 24, 38, 37, 35, 28, 38, 31, 34,
         37, 10, 34, 30, 36, 35, 36, 38,  1,  2,  2,  2,  2,  2,  2,  2,  2]))
```

現在來看一些 x 和 y 的例子，為了便於觀察，已經反編碼成了文字形式，見表 13-1。

▼ 表 13-1 資料樣例

| 原文 1 | <SOS>9bz6x9vxnljchmlvjpfbvmcvx9pficva<EOS><PAD><PAD><PAD><PAD><PAD><PAD><PAD><PAD><PAD><PAD><PAD><PAD><PAD><PAD><PAD> |
| 譯文 1 | <SOS>AAVCIFP0XVCMVBFPJVLMHCJLNXV0X3ZB0<EOS><PAD><PAD><PAD><PAD><PAD><PAD><PAD><PAD><PAD><PAD><PAD><PAD><PAD><PAD><PAD> |
| 原文 2 | <SOS>m6xt2vynpv985vmfbdfzyjaohsjvggnmfk9k<EOS><PAD><PAD><PAD><PAD><PAD><PAD><PAD><PAD><PAD><PAD><PAD><PAD> |

（續表）

| | |
|---|---|
| 譯文 2 | <SOS>KK0KFMNGGVJSHOAJYZFDBFMV410VPNYV7TX3M<EOS><PAD><PAD><PAD><PAD><PAD><PAD><PAD><PAD><PAD><PAD><PAD> |
| 原文 3 | <SOS>kmmonnigg9koflalx5onadgxvd7okpn8h9shdcnn8gfugf6<EOS><PAD> |
| 譯文 3 | <SOS>33FGUFG1NNCDHS0H1NPKO2DVXGDANO4XLALFOK0GGINNOMMK<EOS><PAD> |
| 原文 4 | <SOS>nm7nmm5gnbfvkly2lcbb6hjluzujv4nu1nsi8<EOS><PAD><PAD><PAD><PAD><PAD><PAD><PAD><PAD><PAD><PAD> |
| 譯文 4 | <SOS>11ISN8UN5VJUZULJH3BBCL7YLKVFBNG4MMN2MN<EOS><PAD><PAD><PAD><PAD><PAD><PAD><PAD><PAD><PAD><PAD> |
| 原文 5 | <SOS>5ccjghvwfx8zd6bbfxpuccd3vgg7mkgn2kh56itidd<EOS><PAD><PAD><PAD><PAD><PAD><PAD> |
| 譯文 5 | <SOS>DDDITI34HK7NGKM2GGV6DCCUPXFBB3DZ1XFWVHGJCC4<EOS><PAD><PAD><PAD><PAD><PAD><PAD> |
| 原文 6 | <SOS>xy9zppchmilvkpslhcxlbjp74uadz4xxhmmhkponk<EOS><PAD><PAD><PAD><PAD><PAD><PAD><PAD> |
| 譯文 6 | <SOS>KKNOPKHMMHXX5ZDAU52PJBLXCHLSPKVLIMHCPPZ0YX<EOS><PAD><PAD><PAD><PAD><PAD><PAD><PAD> |
| 原文 7 | <SOS>kbcuzd8h5vpmkjzlteocvcsynl6ocmpfhvxd8nfcp<EOS><PAD><PAD><PAD><PAD><PAD><PAD><PAD> |
| 譯文 7 | <SOS>PPCFN1DXVHFPMCO3LNYSCVCOETLZJKMPV4H1DZUCBK<EOS><PAD><PAD><PAD><PAD><PAD><PAD><PAD> |
| 原文 8 | <SOS>pcom4kohhjb6kz2vzvndbjn6mvnjmdoaxn80rim<EOS><PAD><PAD><PAD><PAD><PAD><PAD><PAD><PAD><PAD> |
| 譯文 8 | <SOS>MMIR91NXAODMJNVM3NJBDNVZV7ZK3BJHHOK5MOCP<EOS><PAD><PAD><PAD><PAD><PAD><PAD><PAD><PAD> |
| 原文 9 | <SOS>zkmvjxdc7mbjbvfumvvzbbvtxppgzb9<EOS><PAD><PAD><PAD><PAD><PAD><PAD><PAD><PAD><PAD><PAD><PAD><PAD><PAD><PAD><PAD><PAD> |
| 譯文 9 | <SOS>00BZGPPXTVBBZVVMUFVBJBM2CDXJVMKZ<EOS><PAD><PAD><PAD><PAD><PAD><PAD><PAD><PAD><PAD><PAD><PAD><PAD><PAD><PAD><PAD> |
| 原文 10 | <SOS>zbxlz3scd3lx8dg7pvbx5vkmv24c7cpfbqxln8hnnxqk<EOS><PAD><PAD><PAD><PAD> |
| 譯文 10 | <SOS>KKQXNNH1NLXQBFPC2C57VMKV4XBVP2GD1XL6DCS6ZLXBZ<EOS><PAD><PAD><PAD><PAD> |

接下來可以定義資料集及資料集載入器，程式如下：

```
# 第 13 章 / 定義資料集和載入器
# 定義資料集
class Dataset(torch.utils.data.Dataset):
    def __init__(self):
        super(Dataset, self).__init__()
    def __len__(self):
        return 100000
    def __getitem__(self, i):
        return get_data()
# 資料集載入器
loader = torch.utils.data.DataLoader(dataset=Dataset(),
                                     batch_size=8,
                                     drop_last=True,
                                     shuffle=True,
                                     collate_fn=None)
# 查看資料樣例
for i, (x, y) in enumerate(loader):
    break
x.shape, y.shape
```

在資料集中,資料的總量定義為 10 萬筆,事實上由於資料是隨機生成的,其實資料有無窮多筆,但 PyTorch 在定義資料集時需要有一個明確的數量,所以此處定義為 10 萬筆。每次獲取資料時,就呼叫定義好的生成資料函式,生成一對 x、y 即可。

資料集載入器定義了每個批次中包括 8 對 x 和 y。

在程式的最後獲取了一批 x、y,並輸出了形狀,執行結果如下:

```
(torch.Size([8, 50]), torch.Size([8, 51]))
```

可以觀察到 y 的長度比 x 多一位,這是故意為之的設計,以便於後續的計算。

## 13.6.3　定義 MASK 函式

接下來定義兩個 MASK 函式,先定義 PAD MASK 函式,程式如下:

```
# 第 13 章 / 定義 mask_pad 函式
def mask_pad(data):
    #b 句話 , 每句話 50 個詞 , 這裡是還沒 embed 的
    #data = [b, 50]
    # 判斷每個詞是不是 <PAD>
    mask = data == vocab_x['<PAD>']
    #[b, 50] -> [b, 1, 1, 50]
```

```
    mask = mask.reshape(-1, 1, 1, 50)
    # 在計算注意力時，計算 50 個詞和 50 個詞相互之間的注意力，所以是個 50*50 的矩陣
    # 是 PAD 的列為 True，表示任何詞對 PAD 的注意力都是 0
    # 但是 PAD 本身對其他詞的注意力並不是 0
    # 所以是 PAD 的行不為 True
    # 複製 n 次
    #[b, 1, 1, 50] -> [b, 1, 50, 50]
    mask = mask.expand(-1, 1, 50, 50)
    return mask
mask_pad(x[:1])
```

執行結果如下：

```
tensor([[[[False, False, False, …, False,  True,  True],
          [False, False, False, …, False,  True,  True],
          [False, False, False, …, False,  True,  True],
          ...,
          [False, False, False, …, False,  True,  True],
          [False, False, False, …, False,  True,  True],
          [False, False, False, …, False,  True,  True]]]])
```

在這段程式中，根據輸入的句子中的每個詞是否是 PAD，選擇是否 MASK 某一列，最終的輸出形狀是 b×1×50×50，其中 b 表示一個批次資料的數量，50 表示句子的詞數量，在本次任務中，每個句子的長度都是固定的 50。

接下來定義上三角 MASK，程式如下：

```
# 第 13 章 / 定義 mask_tril 函式
def mask_tril(data):
    #b 句話，每句話 50 個詞，這裡是還沒 embed 的
    #data = [b, 50]
    #50*50 的矩陣表示每個詞對其他詞是否可見
    # 上三角矩陣，不包括對角線，表示對每個詞而言它只能看到它自己和它之前的詞，而看不到
    # 之後的詞
    #[1, 50, 50]
    """
    [[0, 1, 1, 1, 1],
     [0, 0, 1, 1, 1],
     [0, 0, 0, 1, 1],
     [0, 0, 0, 0, 1],
     [0, 0, 0, 0, 0]]"""
    tril = 1 - torch.tril(torch.ones(1, 50, 50, dtype=torch.long))
    # 判斷 y 當中每個詞是不是 PAD，如果是 PAD，則不可見
    #[b, 50]
    mask = data == vocab_y['<PAD>']
```

```
# 變形 + 轉型，為了之後的計算
#[b, 1, 50]
mask = mask.unsqueeze(1).long()
#mask 和 tril 求並集
#[b, 1, 50] + [1, 50, 50] -> [b, 50, 50]
mask = mask + tril
# 轉布林型
mask = mask > 0
# 轉布林型，增加一個維度，便於後續的計算
mask = (mask == 1).unsqueeze(dim=1)
return mask
mask_tril(x[:1])
```

執行結果如下：

```
tensor([[[[False,  True,  True, ...,  True,  True,  True],
          [False, False,  True, ...,  True,  True,  True],
          [False, False, False, ...,  True,  True,  True],
          ...,
          [False, False, False, ..., False,  True,  True],
          [False, False, False, ..., False,  True,  True],
          [False, False, False, ..., False,  True,  True]]]])
```

在這段程式中，首先生成了一個上三角 MASK，之後以輸入文字中的每個詞是否是 PAD 來生成 PAD MASK，最後把兩個 MASK 合併。最終輸出的形狀和 PAD MASK 函式相同，也是 b×1×50×50。

## 13.6.4 定義 Transformer 工具子層

接下來定義注意力計算層，程式如下：

```
# 第 13 章 / 定義注意力計算函式
def attention(Q, K, V, mask):
    #b 句話，每句話 50 個詞，每個詞編碼成 32 維向量，4 個頭，每個頭分到 8 維向量
    #Q、K、V = [b, 4, 50, 8]
    #[b, 4, 50, 8] * [b, 4, 8, 50] -> [b, 4, 50, 50]
    #Q、K 矩陣相乘，求每個詞相對其他所有詞的注意力
    score = torch.matmul(Q, K.permute(0, 1, 3, 2))
    # 除以每個頭維數的平方根，做數值縮放
    score /= 8**0.5
    #mask 遮蓋，mask 是 True 的地方都被替換成 -inf，這樣在計算 Softmax 時 -inf 會被壓縮到 0
    #mask = [b, 1, 50, 50]
    score = score.masked_fill_(mask, -float('inf'))
    score = torch.Softmax(score, dim=-1)
```

```
    # 以注意力分數乘以 v 得到最終的注意力結果
    #[b, 4, 50, 50] * [b, 4, 50, 8] -> [b, 4, 50, 8]
    score = torch.matmul(score, V)
    # 每個頭計算的結果合一
    #[b, 4, 50, 8] -> [b, 50, 32]
    score = score.permute(0, 2, 1, 3).reshape(-1, 50, 32)
    return score
attention(torch.randn(8, 4, 50, 8), torch.randn(8, 4, 50, 8),
        torch.randn(8, 4, 50, 8), torch.zeros(8, 1, 50, 50)).shape
```

執行結果如下：

```
torch.Size([8, 50, 32])
```

該處的計算過程如本章開頭部分所述，完全是理論部分的實現，只是把其中的部分數字替換成了實際情況中的數字。

需要注意的是，在該函式中計算的已經是多頭注意力，為了計算簡便，這裡把多組 *Q*、*K*、*V* 組成了一個矩陣輸入注意力函式中，再在函式中拆分成多組 *Q*、*K*、*V*，最後透過矩陣計算的形式計算多頭注意力。

接下來要定義多頭注意力計算層，在該層中需要使用批次標準化層，在 PyTorch 當中主要提供了兩種批次標準化的網路層，分別是 BatchNorm 和 LayerNorm，其中 BatchNorm 按照處理的資料維度分為 BatchNorm1d、BatchNorm2d、BatchNorm3d。由於本次的任務是自然語言處理任務，屬於一維的資料，所以應該使用 BatchNorm1d。

BatchNorm1d 和 LayerNorm 之間的區別，在於 BatchNorm1d 是取不同樣本做標準化，而 LayerNorm 是取不同通道做標準化，可透過以下程式驗證。

```
# 第 13 章 /BatchNorm1d 和 LayerNorm 的對比
# 標準化之後，平均值是 0，標準差是 1
#BN 是取不同樣本做標準化
#LN 是取不同通道做標準化
#affine=True,elementwise_affine=True：指定標準化後再計算一個線性映射
norm = torch.nn.BatchNorm1d(num_features=4, affine=True)
print(norm(torch.arange(32, dtype=torch.float32).reshape(2, 4, 4)))
norm = torch.nn.LayerNorm(normalized_shape=4, elementwise_affine=True)
print(norm(torch.arange(32, dtype=torch.float32).reshape(2, 4, 4)))
```

執行結果如下：

```
tensor([[[-1.1761, -1.0523, -0.9285, -0.8047],
         [-1.1761, -1.0523, -0.9285, -0.8047],
         [-1.1761, -1.0523, -0.9285, -0.8047],
         [-1.1761, -1.0523, -0.9285, -0.8047]],
        [[ 0.8047,  0.9285,  1.0523,  1.1761],
         [ 0.8047,  0.9285,  1.0523,  1.1761],
         [ 0.8047,  0.9285,  1.0523,  1.1761],
         [ 0.8047,  0.9285,  1.0523,  1.1761]]],
       grad_fn=<NativeBatchNormBackward0>)
tensor([[[-1.3416, -0.4472,  0.4472,  1.3416],
         [-1.3416, -0.4472,  0.4472,  1.3416],
         [-1.3416, -0.4472,  0.4472,  1.3416],
         [-1.3416, -0.4472,  0.4472,  1.3416]],
        [[-1.3416, -0.4472,  0.4472,  1.3416],
         [-1.3416, -0.4472,  0.4472,  1.3416],
         [-1.3416, -0.4472,  0.4472,  1.3416],
         [-1.3416, -0.4472,  0.4472,  1.3416]]],
       grad_fn=<NativeLayerNormBackward0>)
```

　　從結果很顯然能夠看出，兩個標準化層的計算輸出雖然都是標準的正態分佈，但是 BatchNorm1d 計算後的資料兩個樣本的平均值都不是 0，前一個樣本的平均值顯然小於 0，後一個樣本的平均值顯然大於 0。

　　相比較之下，LayerNorm 計算後的兩個樣本平均值都在 0 附近，對於本次的任務而言，選擇使用 LayerNorm 更適合。

　　明確了要使用的標準化層實現以後，接下來就可以定義多頭注意力計算層了，程式如下：

```
# 第 13 章 / 多頭注意力計算層
class MultiHead(torch.nn.Module):
    def __init__(self):
        super().__init__()
        self.fc_Q = torch.nn.Linear(32, 32)
        self.fc_K = torch.nn.Linear(32, 32)
        self.fc_V = torch.nn.Linear(32, 32)
        self.out_fc = torch.nn.Linear(32, 32)
        self.norm = torch.nn.LayerNorm(normalized_shape=32,
                                       elementwise_affine=True)
        self.DropOut = torch.nn.DropOut(p=0.1)
    def forward(self, Q, K, V, mask):
        #b 句話，每句話 50 個詞，每個詞編碼成 32 維向量
        #Q、K、V = [b, 50, 32]
        b = Q.shape[0]
        # 保留下原始的 Q，後面要做短接用
```

```
            clone_Q = Q.clone()
            # 標準化
            Q = self.norm(Q)
            K = self.norm(K)
            V = self.norm(V)
            # 線性運算，維度不變
            #[b, 50, 32] -> [b, 50, 32]
            K = self.fc_K(K)
            V = self.fc_V(V)
            Q = self.fc_Q(Q)
            # 拆分成多個頭
            #b 句話，每句話 50 個詞，每個詞編碼成 32 維向量，4 個頭，每個頭分到 8 維向量
            #[b, 50, 32] -> [b, 4, 50, 8]
            Q = Q.reshape(b, 50, 4, 8).permute(0, 2, 1, 3)
            K = K.reshape(b, 50, 4, 8).permute(0, 2, 1, 3)
            V = V.reshape(b, 50, 4, 8).permute(0, 2, 1, 3)
            # 計算注意力
            #[b, 4, 50, 8] -> [b, 50, 32]
            score = attention(Q, K, V, mask)
            # 計算輸出，維度不變
            #[b, 50, 32] -> [b, 50, 32]
            score = self.DropOut(self.out_fc(score))
            # 短接
            score = clone_Q + score
            return score
MultiHead()(torch.randn(8, 50, 32), torch.randn(8, 50, 32),
            torch.randn(8, 50, 32), torch.zeros(8, 1, 50, 50)).shape
```

執行結果如下：

```
torch.Size([8, 50, 32])
```

　　和理論部分一致，這裡使用多組 WQ、WK、WV 矩陣對詞向量進行投影，得到多組 $Q$、$K$、$V$ 向量，只是為了便於計算，這裡把多組 WQ、WK、WV 矩陣進行了合併，使用矩陣運算也能提高計算的效率。

　　在這段程式中，首先對詞向量進行了標準化計算，這和論文的實現不一致，在 Transformer 原始論文中的計算順序是先計算自注意力，再進行短接，然後進行標準化計算。此處把標準化的計算提前了，這樣做的原因是因為經過了廣泛的實驗論證，從實際效果來看標準化前置能更進一步地保證數值的穩定性，能幫助模型更進一步地收斂，所以此處選擇標準化前置的計算方法，這是一種對 Transformer 原有模型的改進。

接下來定義位置編碼層，程式如下：

```
# 第13章 / 定義位置編碼層
import math
class PositionEmbedding(torch.nn.Module):
    def __init__(self):
        super().__init__()
        #pos 是第幾個詞，i 是第幾個維度，d_model 是維度總數
        def get_pe(pos, i, d_model):
            d = 1e4**(i / d_model)
            pe = pos / d
            if i % 2 == 0:
                return math.sin(pe)
            return math.cos(pe)
        # 初始化位置編碼矩陣
        pe = torch.empty(50, 32)
        for i in range(50):
            for j in range(32):
                pe[i, j] = get_pe(i, j, 32)
        pe = pe.unsqueeze(0)
        # 定義為不更新的常數
        self.register_buffer('pe', pe)
        # 詞編碼層
        self.embed = torch.nn.Embedding(39, 32)
        # 初始化參數
        self.embed.weight.data.normal_(0, 0.1)
    def forward(self, x):
        #[8, 50] -> [8, 50, 32]
        embed = self.embed(x)
        # 詞編碼和位置編碼相加
        #[8, 50, 32] + [1, 50, 32] -> [8, 50, 32]
        embed = embed + self.pe
        return embed
PositionEmbedding()(torch.ones(8, 50).long()).shape
```

執行結果如下：

```
torch.Size([8, 50, 32])
```

在這段程式中包括一個內嵌函式 get_pe()，這個函式的實現完全是式 (13-1) 和式 (13-2) 的實現，使用該函式計算出位置編碼矩陣，位置編碼矩陣的尺寸是 $50 \times 32$，因為在本次任務中，文字的長度是 50 個詞，每個詞編碼成 32 維的向量。

位置編碼矩陣本身是一個不更新的常數，所以使用 register_buffer() 函式定義為常數。

　　位置編碼層的計算過程和理論保持一致，先把每個詞編碼成普通的詞向量，再和位置編碼矩陣相加作為最終的詞向量編碼。

　　接下來定義全連接輸出層，程式如下：

```
# 第 13 章 / 定義全連接輸出層
class FullyConnectedOutput(torch.nn.Module):
    def __init__(self):
        super().__init__()
        self.fc = torch.nn.Sequential(
            torch.nn.Linear(in_features=32, out_features=64),
            torch.nn.Relu(),
            torch.nn.Linear(in_features=64, out_features=32),
            torch.nn.DropOut(p=0.1),
        )
        self.norm = torch.nn.LayerNorm(normalized_shape=32,
                                        elementwise_affine=True)
    def forward(self, x):
        # 保留下原始的 x, 後面要做短接用
        clone_x = x.clone()
        # 標準化
        x = self.norm(x)
        # 線性全連接運算
        #[b, 50, 32] -> [b, 50, 32]
        out = self.fc(x)
        # 做短接
        out = clone_x + out
        return out
FullyConnectedOutput()(torch.randn(8, 50, 32)).shape
```

　　執行結果如下：

```
torch.Size([8, 50, 32])
```

　　這裡同樣使用了標準化層前置的計算方法。

## 13.6.5 定義 Transformer 模型

　　做完以上準備工作，現在可以定義解碼器層和解碼器層了。先看編碼器，程式如下：

```
# 第 13 章 / 定義編碼器
# 編碼器層
class EncoderLayer(torch.nn.Module):
```

```
    def __init__(self):
        super().__init__()
        self.mh = MultiHead()
        self.fc = FullyConnectedOutput()
    def forward(self, x, mask):
        # 計算自注意力，維度不變
        #[b, 50, 32] -> [b, 50, 32]
        score = self.mh(x, x, x, mask)
        # 全連接輸出，維度不變
        #[b, 50, 32] -> [b, 50, 32]
        out = self.fc(score)
        return out
# 編碼器
class Encoder(torch.nn.Module):
    def __init__(self):
        super().__init__()
        self.layer_1 = EncoderLayer()
        self.layer_2 = EncoderLayer()
        self.layer_3 = EncoderLayer()
    def forward(self, x, mask):
        x = self.layer_1(x, mask)
        x = self.layer_2(x, mask)
        x = self.layer_3(x, mask)
        return x
Encoder()(torch.randn(8, 50, 32), torch.ones(8, 1, 50, 50)).shape
```

執行結果如下：

```
torch.Size([8, 50, 32])
```

在這段程式中，定義了編碼器層和編碼器，編碼器由 3 層編碼器層組成，和理論部分一致，3 層編碼器是前後串聯的關係。

編碼器層本身的計算是用 x 同時作為 *Q*、*K*、*V* 向量計算自注意力，計算得到的注意力分數再輸入全連接輸出層計算輸出。

接下來看解碼器的實現，程式如下：

```
# 第 13 章 / 定義解碼器
# 解碼器層
class DecoderLayer(torch.nn.Module):
    def __init__(self):
        super().__init__()
        self.mh1 = MultiHead()
        self.mh2 = MultiHead()
        self.fc = FullyConnectedOutput()
```

```
    def forward(self, x, y, mask_pad_x, mask_tril_y):
        #先計算 y 的自注意力，維度不變
        #[b, 50, 32] -> [b, 50, 32]
        y = self.mh1(y, y, y, mask_tril_y)
        #結合 x 和 y 的注意力計算，維度不變
        #[b, 50, 32],[b, 50, 32] -> [b, 50, 32]
        y = self.mh2(y, x, x, mask_pad_x)
        #全連接輸出，維度不變
        #[b, 50, 32] -> [b, 50, 32]
        y = self.fc(y)
        return y
#解碼器
class Decoder(torch.nn.Module):
    def __init__(self):
        super().__init__()
        self.layer_1 = DecoderLayer()
        self.layer_2 = DecoderLayer()
        self.layer_3 = DecoderLayer()
    def forward(self, x, y, mask_pad_x, mask_tril_y):
        y = self.layer_1(x, y, mask_pad_x, mask_tril_y)
        y = self.layer_2(x, y, mask_pad_x, mask_tril_y)
        y = self.layer_3(x, y, mask_pad_x, mask_tril_y)
        return y
Decoder()(torch.randn(8, 50, 32), torch.randn(8, 50, 32),
        torch.ones(8, 1, 50, 50), torch.ones(8, 1, 50, 50)).shape
```

執行結果如下：

```
torch.Size([8, 50, 32])
```

　　編碼器和解碼器的計算過程大致相同，第 1 步是以 y 同時作為 $Q$、$K$、$V$ 向量計算自注意力。

　　接下來就是解碼器和編碼器計算的不同點，多了一層編解碼注意力層的計算。這一層的計算也是多頭注意力的計算，只是傳入參數的 $Q$ 向量替換成了上一步計算得到的 y 的自注意力分數，$K$ 和 $V$ 向量則是使用從編碼器那裡獲得的 x 的注意力分數。

　　最後把編解碼注意力層計算得到的注意力分數輸入全連接輸出層計算輸出。

　　有了編碼器和解碼器就可以定義 Transformer 主模型了，程式如下：

```
#第 13 章 / 定義主模型
class Transformer(torch.nn.Module):
    def __init__(self):
```

```
        super().__init__()
        self.embed_x = PositionEmbedding()
        self.embed_y = PositionEmbedding()
        self.encoder = Encoder()
        self.decoder = Decoder()
        self.fc_out = torch.nn.Linear(32, 39)
    def forward(self, x, y):
        #[b, 1, 50, 50]
        mask_pad_x = mask_pad(x)
        mask_tril_y = mask_tril(y)
        # 編碼，增加位置資訊
        #x = [b, 50] -> [b, 50, 32]
        #y = [b, 50] -> [b, 50, 32]
        x, y = self.embed_x(x), self.embed_y(y)
        # 編碼層計算
        #[b, 50, 32] -> [b, 50, 32]
        x = self.encoder(x, mask_pad_x)
        # 解碼層計算
        #[b, 50, 32],[b, 50, 32] -> [b, 50, 32]
        y = self.decoder(x, y, mask_pad_x, mask_tril_y)
        # 全連接輸出，維度不變
        #[b, 50, 32] -> [b, 50, 39]
        y = self.fc_out(y)
        return y
model = Transformer()
model(torch.ones(8, 50).long(), torch.ones(8, 50).long()).shape
```

執行結果如下：

```
torch.Size([8, 50, 39])
```

在主模型中，初始化了兩個位置編碼層，分別用來編碼 x 和 y，計算的流程如下：

（1）獲取一批 x 和 y 之後，對 x 計算 PAD MASK，對 y 計算上三角 MASK。

（2）對 x 和 y 分別編碼。

（3）把 x 輸入編碼器計算輸出。

（4）把編碼器的輸出和 y 同時輸入解碼器計算輸出。

（5）將解碼器的輸出輸入全連接輸出層計算輸出。

從上面的敘述可以看出，Transformer 主模型的計算需要同時輸入 x 和 y。原因是我們要使用強制教學的方法訓練 Transformer 模型，所以在計算時需要同時輸入 x 和 y。

但是在預測時只有 x 資料，沒有 y 資料，所以需要定義一個額外的預測函式，這個函式不使用強制教學，所以不需要 y，而是使用 Transformer 本身的能力預測句子，程式如下：

```
# 第 13 章 / 定義預測函式
def predict(x):
    #x = [1, 50]
    model.eval()
    #[1, 1, 50, 50]
    mask_pad_x = mask_pad(x)
    # 初始化輸出，這個是固定值
    #[1, 50]
    #[[0,2,2,2...]]
    target = [vocab_y['<SOS>']] + [vocab_y['<PAD>']] * 49
    target = torch.LongTensor(target).unsqueeze(0)
    #x 編碼，增加位置資訊
    #[1, 50] -> [1, 50, 32]
    x = model.embed_x(x)
    # 編碼層計算，維度不變
    #[1, 50, 32] -> [1, 50, 32]
    x = model.encoder(x, mask_pad_x)
    # 遍歷生成第 1 個詞到第 49 個詞
    for i in range(49):
        #[1, 50]
        y = target
        #[1, 1, 50, 50]
        mask_tril_y = mask_tril(y)
        #y 編碼，增加位置資訊
        #[1, 50] -> [1, 50, 32]
        y = model.embed_y(y)
        # 解碼層計算，維度不變
        #[1, 50, 32],[1, 50, 32] -> [1, 50, 32]
        y = model.decoder(x, y, mask_pad_x, mask_tril_y)
        # 全連接輸出，39 分類
        #[1, 50, 32] -> [1, 50, 39]
        out = model.fc_out(y)
        # 取出當前詞的輸出
        #[1, 50, 39] -> [1, 39]
        out = out[:, i, :]
        # 取出分類結果
        #[1, 39] -> [1]
```

```
        out = out.argmax(dim=1).detach()
        # 以當前詞預測下一個詞，填到結果中
        target[:, i + 1] = out
    return target
predict(torch.ones(1, 50).long())
```

執行結果如下：

```
tensor([[ 0, 19, 19, 19,  3, 17, 30, 37, 19, 37, 37, 37, 37, 19,  3,  3, 19,
         19, 37, 37, 37, 37, 37, 17, 17, 17, 36, 25,  3, 17, 17, 17, 33, 37,
          7,  7,  7,  7, 17,  3,  7,  7,  7, 32,  3,  3,  3,  3,  3,  3]])
```

如理論部分所描述，在預測函式中，Transformer 模型將一個詞一個詞地預測
輸出，每預測一個詞，就作為下一個詞預測的輸入使用。

## 13.6.6　訓練和測試

現在 Transformer 模型已經定義完畢，並且也有了預測函式，現在可以開始
訓練 Transformer 模型了，程式如下：

```
# 第 13 章 / 定義訓練函式
def train():
    loss_func = torch.nn.CrossEntropyLoss()
    optim = torch.optim.Adam(model.parameters(), lr=2e-3)
    sched = torch.optim.lr_scheduler.StepLR(optim, step_size=3, gamma=0.5)
    for epoch in range(1):
        for i, (x, y) in enumerate(loader):
            #x = [8, 50]
            #y = [8, 51]
            # 在訓練時用 y 的每個字元作為輸入，預測下一個字元，所以不需要最後一個字
            #[8, 50, 39]
            pred = model(x, y[:, :-1])
            #[8, 50, 39] -> [400, 39]
            pred = pred.reshape(-1, 39)
            #[8, 51] -> [400]
            y = y[:, 1:].reshape(-1)
            # 忽略 PAD
            select = y != vocab_y['<PAD>']
            pred = pred[select]
            y = y[select]
            loss = loss_func(pred, y)
            optim.zero_grad()
            loss.backward()
            optim.step()
```

```
        if i % 200 == 0:
            #[select, 39] -> [select]
            pred = pred.argmax(1)
            correct = (pred == y).sum().item()
            accuracy = correct / len(pred)
            lr = optim.param_groups[0]['lr']
            print(epoch, i, lr, loss.item(), accuracy)
    sched.step()
train()
```

在這段程式中，定義了學習率衰減器，每訓練 3 個輪次，則學習率減半，但是由於本次要訓練的任務複雜度太低，所以只需訓練 1 個輪次就可以了，沒有機會應用到學習率衰減。

在每次計算時，把 y 的最後一個詞切除，因為在 Transformer 中計算時，根據 y 的前一個詞預測下一個詞，所以不需要最後一個詞。這也是在設計資料時，故意讓 y 多一個詞的原因，這樣在切除一個詞以後，長度剛好和 x 的長度相等。

而在計算 loss 和正確率時，需要把 y 的第 1 個詞切除，因為 Transformer 根據 y 的前一個詞預測下一個詞，所以 Transformer 並沒有預測 y 當中的第 1 個詞，而在設計資料時，y 當中的第 1 個詞是確定的 <SOS>，這個詞也確實沒有預測的必要。

該過程如圖 13-32 所示。

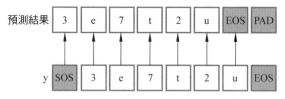

▲圖 13-32 y 和預測結果的對應關係

訓練過程的輸出見表 13-2。

▼ 表 13-2 訓練過程的輸出

| epoch | step | lr | loss | accuracy | epoch | step | lr | loss | accuracy |
|---|---|---|---|---|---|---|---|---|---|
| 0 | 0 | 0.002 | 3.76785 | 0.02077 | 0 | 5200 | 0.002 | 0.17134 | 0.94410 |
| 0 | 200 | 0.002 | 3.30822 | 0.08232 | 0 | 5400 | 0.002 | 0.03396 | 0.98480 |
| 0 | 400 | 0.002 | 3.32789 | 0.08264 | 0 | 5600 | 0.002 | 0.00174 | 1.00000 |

（續表）

| epoch | step | lr | loss | accuracy | epoch | step | lr | loss | accuracy |
|-------|------|-----|------|----------|-------|------|-----|------|----------|
| 0 | 600 | 0.002 | 3.24240 | 0.09524 | 0 | 5800 | 0.002 | 0.03156 | 0.98792 |
| 0 | 800 | 0.002 | 3.10707 | 0.18023 | 0 | 6000 | 0.002 | 0.02059 | 0.99688 |
| 0 | 1000 | 0.002 | 2.08337 | 0.36288 | 0 | 6200 | 0.002 | 0.03150 | 0.99373 |
| 0 | 1200 | 0.002 | 0.79332 | 0.76398 | 0 | 6400 | 0.002 | 0.02324 | 0.98824 |
| 0 | 1400 | 0.002 | 0.62079 | 0.83108 | 0 | 6600 | 0.002 | 0.00638 | 1.00000 |
| 0 | 1600 | 0.002 | 0.04385 | 0.98730 | 0 | 6800 | 0.002 | 0.00267 | 1.00000 |
| 0 | 1800 | 0.002 | 0.02214 | 0.99706 | 0 | 7000 | 0.002 | 0.00160 | 1.00000 |
| 0 | 2000 | 0.002 | 0.10781 | 0.98762 | 0 | 7200 | 0.002 | 0.00090 | 1.00000 |
| 0 | 2200 | 0.002 | 0.01537 | 1.00000 | 0 | 7400 | 0.002 | 0.68673 | 0.80734 |
| 0 | 2400 | 0.002 | 0.17330 | 0.94970 | 0 | 7600 | 0.002 | 0.00272 | 1.00000 |
| 0 | 2600 | 0.002 | 0.01242 | 1.00000 | 0 | 7800 | 0.002 | 0.50574 | 0.85593 |
| 0 | 2800 | 0.002 | 0.00452 | 1.00000 | 0 | 8000 | 0.002 | 0.04084 | 0.98742 |
| 0 | 3000 | 0.002 | 0.07790 | 0.99104 | 0 | 8200 | 0.002 | 0.00640 | 1.00000 |
| 0 | 3200 | 0.002 | 0.00404 | 1.00000 | 0 | 8400 | 0.002 | 0.00991 | 1.00000 |
| 0 | 3400 | 0.002 | 0.00195 | 1.00000 | 0 | 8600 | 0.002 | 0.00132 | 1.00000 |
| 0 | 3600 | 0.002 | 0.02528 | 1.00000 | 0 | 8800 | 0.002 | 0.00072 | 1.00000 |
| 0 | 3800 | 0.002 | 0.00453 | 1.00000 | 0 | 9000 | 0.002 | 0.00067 | 1.00000 |
| 0 | 4000 | 0.002 | 0.12613 | 0.97640 | 0 | 9200 | 0.002 | 0.00191 | 1.00000 |
| 0 | 4200 | 0.002 | 0.00367 | 1.00000 | 0 | 9400 | 0.002 | 0.00088 | 1.00000 |
| 0 | 4400 | 0.002 | 1.03291 | 0.72424 | 0 | 9600 | 0.002 | 0.00029 | 1.00000 |
| 0 | 4600 | 0.002 | 0.01011 | 0.99708 | 0 | 9800 | 0.002 | 0.07426 | 0.97826 |
| 0 | 4800 | 0.002 | 0.00122 | 1.00000 | 0 | 10000 | 0.002 | 0.00097 | 1.00000 |
| 0 | 5000 | 0.002 | 0.00078 | 1.00000 | 0 | 10200 | 0.002 | 0.00282 | 1.00000 |
| 0 | 10400 | 0.002 | 0.01260 | 1.00000 | 0 | 11600 | 0.002 | 0.00046 | 1.00000 |
| 0 | 10600 | 0.002 | 0.00103 | 1.00000 | 0 | 11800 | 0.002 | 0.03236 | 1.00000 |
| 0 | 10800 | 0.002 | 0.00077 | 1.00000 | 0 | 12000 | 0.002 | 0.00218 | 1.00000 |
| 0 | 11000 | 0.002 | 0.00148 | 1.00000 | 0 | 12200 | 0.002 | 0.00068 | 1.00000 |
| 0 | 11200 | 0.002 | 0.00508 | 1.00000 | 0 | 12400 | 0.002 | 0.00031 | 1.00000 |
| 0 | 11400 | 0.002 | 0.00146 | 1.00000 | | | | | |

　　從表 13-2 可以看出，預測的正確率上升得很快。訓練結束後，可以使用模型預測，程式如下：

```
# 第 13 章 / 測試
def test():
    for i, (x, y) in enumerate(loader):
        break
    for i in range(8):
        print(i)
        print(''.join([vocab_xr[i] for i in x[i].tolist()]))
        print(''.join([vocab_yr[i] for i in y[i].tolist()]))
        print(''.join(
            [vocab_yr[i] for i in predict(x[i].unsqueeze(0))[0].tolist()]))
test()
```

執行結果如下：

```
0
<SOS>folbj78aowmpftdk1ggnlgndfoxgovxx9mksmdvzld49hr5<EOS><PAD>
<SOS>44RH05DLZVDMSKM0XXVOGXOFDNGLNGG8KDTFPMWOA12JBLOF<EOS><PAD>
<SOS>434R0D0LZVDMSKM0XXVOGXOFDNGLNGG8KDTFPMOA1AJJBLO<EOS><EOS>
1
<SOS>xbdxrpfgziie6cm2ugmmdjxjpcu1nzmhgnlchk8ujbuqfh<EOS><PAD><PAD>
<SOS>HHFQUBJU1KHCLNGHMZN8UCPJXJDMMGU7MC3EIIZGFPRXDBX<EOS><PAD><PAD>
<SOS>HHGQUBJU1KHCLNGHMZN8UCPJXJDMMGUOMC3EIDZGFPZPDB<EOS><EOS><EOS>
2
<SOS>j65bmgfxzaxka9mmcmjfvuztcmbvkh<EOS><PAD><PAD><PAD><PAD><PAD><PAD>
<PAD><PAD><PAD><PAD><PAD><PAD><PAD><PAD><PAD><PAD><PAD>
<SOS>HHKVBMCTZUVFJMCMM0AKXAZXFGMB43J<EOS><PAD><PAD><PAD><PAD><PAD><PAD>
<PAD><PAD><PAD><PAD><PAD><PAD><PAD><PAD><PAD><PAD><PAD>
<SOS>HHHKVBMTZUUVFMCMM0AKXAXFGMBM43JJ<EOS><EOS><EOS><EOS><EOS><EOS><EOS>
<EOS><EOS><EOS><EOS><EOS><EOS><EOS><EOS><EOS><EOS>
3
<SOS>2lzxxpjj3pdbnxabm6ikcvpfsc8pcvnv4vmzdrcz9k5mb<EOS><PAD><PAD><PAD>
<SOS>BBM4K0ZCRDZMV5VNVCP1CSFPVCKI3MBAXNBDP6JJPXXZL7<EOS><PAD><PAD><PAD>
<SOS>BBM4K0ZCRDZMV5VNVCP1CSFPPCKILM3BAXNBP6JPJPXZL7<EOS><EOS><EOS>
4
<SOS>khgxxxs7kpcro9bmdklh67gmvzgchmjmnscbgkl<EOS><PAD><PAD><PAD><PAD>
<PAD><PAD><PAD><PAD><PAD>
<SOS>LLKGBCSNMJMHCGZVMG23HLKDMB0ORCPK2SXXXGHK<EOS><PAD><PAD><PAD><PAD>
<PAD><PAD><PAD><PAD><PAD>
<SOS>LLKGBCSNMJMHCGZVMG23HLKDMB0ORCPK2SXXXGK<EOS><EOS><EOS><EOS><EOS>
<EOS><EOS><EOS><EOS><EOS>
5
<SOS>khmvxgsrqnbbcbvg1jzhv6hcudldz7n6<EOS><PAD><PAD><PAD><PAD><PAD><PAD>
<PAD><PAD><PAD><PAD><PAD><PAD><PAD><PAD><PAD><PAD>
<SOS>33N2ZDLDUCH3VHZJ8GVBCBBNQRSGXVMHK<EOS><PAD><PAD><PAD><PAD><PAD><PAD><PAD>
<PAD><PAD><PAD><PAD><PAD><PAD><PAD><PAD><PAD>
<SOS>333N2ZJDUCH33HZJ8GGBCBNQRSGXGVMMK<EOS><EOS><EOS><EOS><EOS><EOS><EOS><EOS>
<EOS><EOS><EOS><EOS><EOS><EOS><EOS><EOS>
6
```

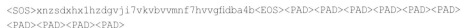

```
<SOS>xnzsdxhx1hzdgvji7vkvbvvmnf7hvvgfidba4b<EOS><PAD><PAD><PAD><PAD><PAD><PAD>
<PAD><PAD><PAD><PAD>
<SOS>BB5ABDIFGVVH2FNMVVBVKV2IJVGDZH8XHXDSZNX<EOS><PAD><PAD><PAD><PAD>
<PAD><PAD><PAD><PAD><PAD><PAD>
<SOS>BB5ABDIFGVVH2FNMVVBBVK2IJVDZDH8XHXDSZN<EOS><EOS><EOS><EOS><EOS><EOS><EOS>
<EOS><EOS><EOS><EOS>
7
<SOS>6bnjcb6mzjbn3ksm4z6tlgc9nmjyv9kxv<EOS><PAD><PAD><PAD><PAD><PAD><PAD><PAD>
<PAD><PAD><PAD><PAD><PAD><PAD><PAD>
<SOS>VVXK0VYJMN0CGLT3Z5MSK6NBJZM3BCJNB3<EOS><PAD><PAD><PAD><PAD><PAD>
<PAD><PAD><PAD><PAD><PAD><PAD><PAD><PAD><PAD>
<SOS>VVXKK0VYJM0CGLT3Z5MSK6NBJZM3BCJNB3<EOS><EOS><EOS><EOS><EOS><EOS>
<EOS><EOS><EOS><EOS><EOS><EOS><EOS><EOS><EOS>
```

從結果可以看出，Transformer 在這個簡單的翻譯任務中表現良好，預測結果和真實的 y 相差較小。

## 13.7　兩數相加任務

### 13.7.1　任務介紹

有些讀者可能覺得上面的例子過於簡單了，x 和 y 之間的關係為一一對應關係，缺乏相互影響，在本節將介紹一個更高難度的任務，在這個任務中，我們將嘗試使用 Transformer 計算加法，先來看一些資料樣例，見表 13-3。

▼ 表 13-3　加法資料樣例

| x | y |
|---|---|
| 9779465996866825a3249988572494 | 9782715985439319 |
| 4944365816727a569957595694467756 | 57000704060284483 |
| 955908999996798046a768854838581476985 | 882445738578275031 |
| 865978976468997a458456876888594 | 1324435853357591 |
| 23962770144367a27557677466969586 | 27581640237113953 |

在表 13-3 中，x 是被字母 a 分隔的兩串數字，這兩串數位相加之後等於 y。兩串數字的長度是隨機的，可以把 x 看作一句話，把 y 看作 x 的譯文，這是個相對複雜的對應關係，不再是簡單的一一對應。

## 13.7.2 實現程式

要嘗試完成該任務，只需重新定義資料生成函式，並且把訓練的輪數修改為 10 次。新的資料生成函式的程式如下：

```
# 第 13 章 / 兩數相加測試
# 使用這份資料時可把訓練次數改為 10
def get_data():
    # 定義詞集合
    words = ['0', '1', '2', '3', '4', '5', '6', '7', '8', '9']
    # 定義每個詞被選中的機率
    p = np.array([1, 2, 3, 4, 5, 6, 7, 8, 9, 10])
    p = p / p.sum()
    # 隨機選 n 個詞
    n = random.randint(10, 20)
    s1 = np.random.choice(words, size=n, replace=True, p=p)
    # 採樣的結果就是 s1
    s1 = s1.tolist()
    # 以同樣的方法，再采出 s2
    n = random.randint(10, 20)
    s2 = np.random.choice(words, size=n, replace=True, p=p)
    s2 = s2.tolist()
    #y 等於 s1 和 s2 數值的和
    y = int(''.join(s1)) + int(''.join(s2))
    y = list(str(y))
    #x 由 s1 和 s2 字元連接而成
    x = s1 + ['a'] + s2
    # 加上首尾符號
    x = ['<SOS>'] + x + ['<EOS>']
    y = ['<SOS>'] + y + ['<EOS>']
    # 補 PAD，直到固定長度
    x = x + ['<PAD>'] * 50
    y = y + ['<PAD>'] * 51
    x = x[:50]
    y = y[:51]
    # 編碼成資料
    x = [vocab_x[i] for i in x]
    y = [vocab_y[i] for i in y]
    # 轉 Tensor
    x = torch.LongTensor(x)
    y = torch.LongTensor(y)
    return x, y
get_data()
```

執行結果如下：

```
(tensor([ 0, 32, 35, 33,  9, 21,  7, 23, 35, 26, 23, 27, 36,  7, 12, 32, 11, 30,
         35, 24, 26, 35, 32, 38, 30, 28, 31, 33, 29, 30, 35, 35, 22, 10, 16, 30,
         37,  7, 37, 34, 11, 22, 38, 26, 30,  1,  2,  2,  2,  2]),
 tensor([ 0, 30, 30, 26, 38, 22,  4, 34, 37,  8, 37, 30, 16,  5, 22, 35, 35, 30,
         29, 33, 31, 28, 30, 38, 32, 35, 26, 24, 35, 30,  4, 32,  3,  8, 36, 27,
         23, 26, 35, 23,  8, 21,  6, 33, 35, 32,  1,  2,  2,  2,  2]))
```

## 13.7.3 訓練和測試

接下來把訓練的輪數修改為 10 次，這樣就可以訓練了，訓練過程的輸出見表 13-4。

▼ 表 13-4 兩數相加訓練過程的輸出

| epoch | step | lr | loss | accuracy | epoch | step | lr | loss | accuracy |
|---|---|---|---|---|---|---|---|---|---|
| 0 | 0 | 0.00200 | 4.01723 | 0.00000 | 1 | 10000 | 0.00200 | 1.03401 | 0.58333 |
| 0 | 2000 | 0.00200 | 2.14980 | 0.13475 | 1 | 12000 | 0.00200 | 1.40509 | 0.57718 |
| 0 | 4000 | 0.00200 | 2.13260 | 0.17606 | 2 | 0 | 0.00200 | 1.17229 | 0.60000 |
| 0 | 6000 | 0.00200 | 2.13173 | 0.20588 | 2 | 2000 | 0.00200 | 0.71251 | 0.72028 |
| 0 | 8000 | 0.00200 | 2.08090 | 0.20423 | 2 | 4000 | 0.00200 | 1.01125 | 0.63694 |
| 0 | 10000 | 0.00200 | 2.07815 | 0.17687 | 2 | 6000 | 0.00200 | 0.72506 | 0.74483 |
| 0 | 12000 | 0.00200 | 1.79386 | 0.33333 | 2 | 8000 | 0.00200 | 0.86750 | 0.74046 |
| 1 | 0 | 0.00200 | 1.78722 | 0.32374 | 2 | 10000 | 0.00200 | 1.18816 | 0.65000 |
| 1 | 2000 | 0.00200 | 1.86281 | 0.25000 | 2 | 12000 | 0.00200 | 0.46759 | 0.82667 |
| 1 | 4000 | 0.00200 | 1.70836 | 0.34043 | 3 | 0 | 0.00100 | 0.83031 | 0.75000 |
| 1 | 6000 | 0.00200 | 1.72071 | 0.35616 | 3 | 2000 | 0.00100 | 0.22943 | 0.91971 |
| 1 | 8000 | 0.00200 | 1.35795 | 0.47619 | 3 | 4000 | 0.00100 | 0.08019 | 0.97315 |
| 3 | 6000 | 0.00100 | 0.80680 | 0.84397 | 6 | 10000 | 0.00050 | 0.13074 | 0.94030 |
| 3 | 8000 | 0.00100 | 0.43540 | 0.85430 | 6 | 12000 | 0.00050 | 0.06939 | 0.96503 |
| 3 | 10000 | 0.00100 | 0.23123 | 0.94245 | 7 | 0 | 0.00050 | 0.06543 | 0.97887 |
| 3 | 12000 | 0.00100 | 0.13621 | 0.92258 | 7 | 2000 | 0.00050 | 0.06568 | 0.97163 |
| 4 | 0 | 0.00100 | 0.74229 | 0.78344 | 7 | 4000 | 0.00050 | 0.07613 | 0.97333 |
| 4 | 2000 | 0.00100 | 0.16583 | 0.95489 | 7 | 6000 | 0.00050 | 0.06972 | 0.97959 |
| 4 | 4000 | 0.00100 | 0.20696 | 0.95270 | 7 | 8000 | 0.00050 | 0.03162 | 0.99248 |

（續表）

| epoch | step | lr | loss | accuracy | epoch | step | lr | loss | accuracy |
|---|---|---|---|---|---|---|---|---|---|
| 4 | 6000 | 0.00100 | 0.08379 | 0.96622 | 7 | 10000 | 0.00050 | 0.05851 | 0.97315 |
| 4 | 8000 | 0.00100 | 0.13294 | 0.96094 | 7 | 12000 | 0.00050 | 0.08067 | 0.96644 |
| 4 | 10000 | 0.00100 | 0.18102 | 0.92361 | 8 | 0 | 0.00050 | 0.04522 | 0.99310 |
| 4 | 12000 | 0.00100 | 0.19995 | 0.90210 | 8 | 2000 | 0.00050 | 0.10134 | 0.97122 |
| 5 | 0 | 0.00100 | 0.21403 | 0.90278 | 8 | 4000 | 0.00050 | 0.07277 | 0.96454 |
| 5 | 2000 | 0.00100 | 0.11801 | 0.95862 | 8 | 6000 | 0.00050 | 0.29492 | 0.89130 |
| 5 | 4000 | 0.00100 | 0.13793 | 0.94558 | 8 | 8000 | 0.00050 | 0.04506 | 0.97744 |
| 5 | 6000 | 0.00100 | 0.10863 | 0.95935 | 8 | 10000 | 0.00050 | 0.13401 | 0.94366 |
| 5 | 8000 | 0.00100 | 0.28971 | 0.91549 | 8 | 12000 | 0.00050 | 0.06075 | 0.98013 |
| 5 | 10000 | 0.00100 | 0.11179 | 0.96000 | 9 | 0 | 0.00025 | 0.07825 | 0.97917 |
| 5 | 12000 | 0.00100 | 0.12426 | 0.94326 | 9 | 2000 | 0.00025 | 0.05357 | 0.98013 |
| 6 | 0 | 0.00050 | 0.31728 | 0.94406 | 9 | 4000 | 0.00025 | 0.03780 | 0.98582 |
| 6 | 2000 | 0.00050 | 0.16548 | 0.93056 | 9 | 6000 | 0.00025 | 0.29005 | 0.90152 |
| 6 | 4000 | 0.00050 | 0.12586 | 0.95000 | 9 | 8000 | 0.00025 | 0.03897 | 0.97973 |
| 6 | 6000 | 0.00050 | 0.04157 | 0.99301 | 9 | 10000 | 0.00025 | 0.05700 | 0.97163 |
| 6 | 8000 | 0.00050 | 0.29623 | 0.87898 | 9 | 12000 | 0.00025 | 0.03617 | 0.99315 |

訓練完成後執行一次測試，查看模型的預測效果，執行結果如下：

```
0
<SOS>69959127972a79068236990629479939<EOS><PAD><PAD><PAD><PAD><PAD><PAD>
<PAD><PAD><PAD><PAD><PAD><PAD><PAD><PAD><PAD><PAD>
<SOS>79068237060588607911<EOS><PAD><PAD><PAD><PAD><PAD><PAD><PAD><PAD>
<PAD><PAD><PAD><PAD><PAD><PAD><PAD><PAD><PAD><PAD><PAD><PAD><PAD><PAD>
<PAD><PAD><PAD><PAD><PAD><PAD>
<SOS>79068237060588607911<EOS><EOS><EOS><EOS><EOS><EOS><EOS><EOS><EOS>
<EOS><EOS><EOS>117886<EOS><EOS>091287778
1
<SOS>97585554595965a7879935899365<EOS><PAD><PAD><PAD><PAD><PAD><PAD><PAD><PAD>
<PAD><PAD><PAD><PAD><PAD><PAD><PAD><PAD><PAD><PAD><PAD><PAD>
<SOS>105465490495330<EOS><PAD><PAD><PAD><PAD><PAD><PAD><PAD><PAD>
<PAD><PAD><PAD><PAD><PAD><PAD><PAD><PAD><PAD><PAD><PAD><PAD><PAD><PAD>
<PAD><PAD><PAD><PAD><PAD><PAD><PAD><PAD><PAD>
<SOS>105465490495330<EOS><EOS><EOS><EOS><EOS><EOS><EOS><EOS><EOS><EOS>
<EOS><EOS><EOS><EOS><EOS><EOS><EOS><EOS><EOS><EOS><EOS><EOS><EOS><EOS>
<EOS><EOS><EOS><EOS><EOS>2666
2
<SOS>948296474994975a9947925666588821607<EOS><PAD><PAD><PAD><PAD><PAD>
<PAD><PAD><PAD><PAD><PAD><PAD><PAD><PAD>
```

<SOS>9948873963063816582<EOS><PAD><PAD><PAD><PAD><PAD><PAD><PAD><PAD>
<SOS>9948873963063816582<EOS><EOS><EOS><EOS><EOS><EOS><EOS><EOS><EOS>
<EOS><EOS><EOS><EOS><EOS><EOS><EOS><EOS>5<EOS><EOS><EOS><EOS><EOS>1336887
3
<SOS>81248996476a995886487475647426<EOS><PAD><PAD><PAD><PAD><PAD><PAD>
<SOS>995886568724643902<EOS><PAD><PAD><PAD><PAD><PAD><PAD><PAD><PAD><PAD><PAD>
<SOS>995886568724643902<EOS><EOS><EOS><EOS><EOS><EOS><EOS><EOS><EOS><EOS><EOS>
<EOS><EOS>7878
4
<SOS>419918877798a55730859672<EOS><PAD><PAD><PAD><PAD><PAD><PAD><PAD>
<SOS>475649737470<EOS><PAD><PAD><PAD><PAD><PAD><PAD><PAD><PAD><PAD><PAD>
<SOS>475649737470<EOS><EOS><EOS><EOS><EOS><EOS><EOS><EOS><EOS><EOS><EOS>
5
<SOS>498702999979a39598334951<EOS><PAD><PAD><PAD><PAD><PAD><PAD><PAD>
<SOS>538301334930<EOS><PAD><PAD><PAD><PAD><PAD><PAD><PAD><PAD><PAD><PAD>
<SOS>538301334920<EOS><EOS><EOS><EOS><EOS><EOS><EOS><EOS><EOS><EOS><EOS>
<EOS><EOS><EOS><EOS><EOS><EOS><EOS><EOS><EOS>1
6
<SOS>978948864349646794a762665688863796<EOS><PAD><PAD><PAD><PAD><PAD>
<SOS>979711530038510590<EOS><PAD><PAD><PAD><PAD><PAD><PAD><PAD><PAD><PAD><PAD>
<SOS>979711530038510590<EOS><EOS><EOS><EOS><EOS><EOS><EOS><EOS><EOS><EOS><EOS><EOS>
<EOS><EOS><EOS>670
7
<SOS>8388799497289839295a5994377949610297<EOS><PAD><PAD><PAD><PAD><PAD>
<SOS>8394793875239449592<EOS><PAD><PAD><PAD><PAD><PAD><PAD><PAD><PAD>

```
<PAD><PAD><PAD><PAD><PAD><PAD><PAD><PAD><PAD><PAD><PAD><PAD><PAD><PAD><PAD>
<PAD><PAD><PAD><PAD><PAD><PAD><PAD>
<SOS>8394793875239459592<EOS><EOS><EOS><EOS><EOS><EOS><EOS><EOS><EOS>
<EOS><EOS><EOS><EOS><EOS><EOS><EOS>19<EOS><EOS><EOS><EOS><EOS>4575555
```

可以看到在這個更加複雜的任務中，Transformer 依然極佳地完成了任務，雖然有一些錯誤，但在可容忍的範圍內。

## 13.8 小結

本章詳細介紹了 Transformer 的模型設計想法和計算過程，並且透過兩個實例使用 Transformer 執行了兩個翻譯任務。

在 Transformer 被提出之前，普遍使用的文字特徵取出層是 RNN，RNN 的缺點是能表達的文字複雜度很有限，尤其針對長文字的處理能力更差，雖然在 LSTM 和 GRU 模型被提出後 RNN 的這個缺點在很大程度上被彌補了，但依然沒有得到徹底解決。

RNN 還有個缺點，即它的計算過程是串聯的，必須先算第 1 個詞才能算第 2 個詞，在文字長度較長的情況下 RNN 的計算效率較低。

Transformer 使用注意力模型取出文字特徵，極佳地解決了 RNN 的兩個缺點，Transformer 的注意力模型就是要找出詞與詞之間的相互對應關係，所以對長文字有較好的處理能力，Transformer 的計算過程是可並行的，效率比 RNN 要高很多。

但是 Transformer 也有缺點，它的缺點就是相比 RNN 而言太複雜了，RNN 是個非常簡單漂亮的模型，就算是對 RNN 一無所知的人也能在很短的時間內理解 RNN 的計算過程和原理，相比之下 Transformer 就複雜得多，學習的難度也較大。

BERT 模型是基於 Transformer 的改進模型，理解了 Transformer 就能極佳地理解 BERT。

# 第 14 章
# 手動實現 BERT

## 14.1　BERT 架構

學習了 Transformer 模型之後，現在來研究 BERT 模型，如前所述，BERT 是基於 Transformer 模型的改進模型，與 Transformer 不同，BERT 的設計並不是為了完成特定的具體任務，BERT 的設計初衷就是要作為一個通用的 backbone 使用，即提取文字的特徵向量，有了特徵向量後就可以連線各種各樣的下游任務，包括翻譯任務、分類任務、回歸任務等。

先來看 BERT 模型的架構，如圖 14-1 所示。

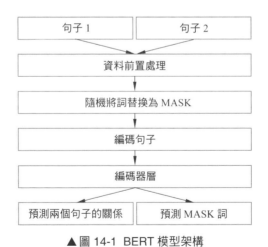

▲ 圖 14-1　BERT 模型架構

下面對圖 14-1 中的計算流程進行解釋。

（1）輸入層：BERT 每次計算時輸入兩句話，而非一句話，這一點和 Transformer 模型不同。

（2）資料前置處理：包括移除不能辨識的字元、將所有字母小寫、多餘的空格等。由於輸入的句子為兩句，在資料前置處理時需要把兩個句子組合成一個句子，便於後續的計算。

（3）隨機將一些詞替換為 MASK：BERT 模型的訓練過程包括兩個子任務，其中一個即為預測被遮掩的詞的原本的詞，所以在計算之前，需要把句子中的一些詞替換為 MASK 交給 BERT 預測。

（4）編碼句子：把句子編碼成向量，和 Transformer 一樣，BERT 同樣也有位置編碼層，以讓處於不同位置的相同的詞有不同的向量表示。

（5）編碼器：此處的編碼器即為 Transformer 中的編碼器，BERT 使用了 Transformer 中的編碼器來取出文字特徵。

（6）預測兩個句子的關係：BERT 的計算包括兩個子任務，預測兩個句子的關係為其中一個子任務，BERT 要計算出輸入的兩個句子的關係，這一般是二分類任務。

（7）預測 MASK 詞：這是 BERT 的另外一個子任務，要預測出句子中的 MASK 原本　的詞。

以上就是 BERT 模型計算過程的概覽，為了訓練 BERT 模型設計了兩個子任務，在這兩個子任務訓練的過程中，訓練 BERT 取出文字特徵向量的能力，如果把圖 14-1 中的最後一層剪掉，留下的就是一個能夠取出句子向量的 BERT 模型。

## 14.2　資料集處理

### 14.2.1　資料處理過程概述

和 Transformer 不同，BERT 每次處理的並不是一個句子，而是一對句子，這兩個句子表達的意思可能相同，也可能不同，BERT 的子任務就是要判斷兩個句子的意思是否相同，接下來介紹 BERT 訓練資料的一般處理過程。

在資料前置處理流程中，需要移除所有的標點符號、將所有字母小寫、將數字替換為特殊符號，此步驟的大致示意見表 14-1。

▼ 表 14-1 資料前置處理示意

| 原句子 1 | My | dog | is | cute | ! |
|---|---|---|---|---|---|
| 處理後句子 1 | my | dog | is | cute | |
| 原句子 2 | He | likes | playing | ! | |
| 處理後句子 2 | he | likes | playing | | |

處理好兩個句子後，就可以把兩個句子組合成一個句子了，兩個句子中間使用特殊符號分隔，組合後的句子首尾也需要增加特殊符號，為了滿足特定的長度，句子可能需要補充一些 PAD，組合後的句子使用事先準備好的字典轉為數字，該過程見表 14-2。

▼ 表 14-2 組合句子並編碼示意

| 組合句子 | <SOS> | my | dog | is | cute | <EOS> | he | likes | playing | <EOS> | <PAD> |
|---|---|---|---|---|---|---|---|---|---|---|---|
| 編碼句子 | 1 | 11 | 12 | 13 | 14 | 2 | 15 | 16 | 17 | 2 | 0 |

BERT 有兩個子任務，其中一個是要預測句子中的 MASK 原本的詞，因此需要在句子中將一些詞替換為 MASK，該過程見表 14-3。

▼ 表 14-3 隨機用 MASK 遮掩部分詞示意

| 原句子 | <SOS> | my | dog | is | cute | <EOS> | he | likes | playing | <EOS> | <PAD> |
|---|---|---|---|---|---|---|---|---|---|---|---|
| 原編碼 | 1 | 11 | 12 | 13 | 14 | 2 | 15 | 16 | 17 | 2 | 0 |
| 隨機 MASK | <SOS> | my | <MASK> | is | cute | <EOS> | he | <MASK> | playing | <EOS> | <PAD> |
| MASK 後編碼 | 1 | 11 | 5 | 13 | 14 | 2 | 15 | 5 | 17 | 2 | 0 |

在表 14-3 中有兩個 MASK，MASK 出現的位置是隨機的，MASK 不會替換特殊符號，只會替換詞，事實上遮掩不只是簡單地替換為 MASK，還會有其他的變化，這在後續看程式時再詳述。

接下來要對句子進行編碼，編碼的計算流程見表 14-4。

▼ 表 14-4 句子編碼示意

| 句子 | &lt;SOS&gt; | my | &lt;MASK&gt; | is | cute | &lt;EOS&gt; | he | &lt;MASK&gt; | playing | &lt;EOS&gt; | &lt;PAD&gt; |
|------|------|------|------|------|------|------|------|------|------|------|------|
| 編碼 | 1 | 11 | 5 | 13 | 14 | 2 | 15 | 5 | 17 | 2 | 0 |
| 詞向量 | E(1) | E(11) | E(5) | E(13) | E(14) | E(2) | E(15) | E(5) | E(17) | E(2) | E(0) |
| 部分編碼 | E(1) | E(1) | E(1) | E(1) | E(1) | E(1) | E(2) | E(2) | E(2) | E(2) | E(0) |
| 位置編碼 | E(1) | E(2) | E(3) | E(4) | E(5) | E(6) | E(7) | E(8) | E(9) | E(10) | E(11) |

從表 14-4 可以看出，一個句子可以編碼為 3 個編碼，分別為詞向量編碼、部分編碼和位置編碼，最終的編碼為這 3 個編碼相加，下面對這 3 種解分碼別介紹。

（1）詞向量編碼：即簡單地把詞投影到 N 維向量空間中去，投影矩陣一般是隨機初始化的。

（2）部分編碼：標識了句子中哪一段屬於句子 1，哪一段屬於句子 2，哪一段屬於 PAD。

（3）位置編碼：和句子的具體內容無關，只和位置有關，一般初始化為隨機矩陣。和 Transformer 不同，Transformer 中的位置編碼矩陣是常數，是不會更新的，但是在 BERT 當中，位置編碼矩陣是個可學習的參數，在訓練的過程中會不斷地變化。

經過編碼以後，句子已經被向量化，接下來就可以被輸入編碼器網路進行計算，取出文字的特徵向量，此處的編碼器即 Transformer 的編碼器。

取出文字特徵向量以後，即可輸入兩個下游任務網路計算輸出，這兩個輸出是 BERT 的兩個子任務，分別為預測兩個句子的意思是否相同和預測被遮掩的詞的原本的詞。

接下來是程式實現部分，透過手動建構 BERT 模型，以幫助讀者更深入地理解 BERT 的設計想法和計算流程。

## 14.2.2 資料集介紹

首先來看資料檔案，在本章中，將使用微軟提供的 MSR Paraphrase 資料集進行訓練，在本書的書附程式中可以找到資料檔案 msr_paraphrase.csv。該資料檔案中的部分資料樣例見表 14-5。

▼ 表 14-5  MSR Paraphrase 資料集範例

| Quality | #1 ID | #2 ID | #1 String | #2 String |
|---|---|---|---|---|
| 1 | 702876 | 702977 | Amrozi accused his brother, whom he called <QUOTE> the witness <QUOTE>, of deliberately distorting his evidence. | Referring to him as only <QUOTE> the witness <QUOTE>, Amrozi accused his brother of deliberately distorting his evidence. |
| 0 | 2108705 | 2108831 | Yucaipa owned Dominick's before selling the chain to Safeway in 1998 for 14 2.5 billion. | Yucaipa bought Dominick's in 1995 for 14 693 million and sold it to Safeway for 14 1.8 billion in 1998. |
| 1 | 1330381 | 1330521 | They had published an advertisement on the Internet on June 10, offering the cargo for sale, he added. | On June 10, the ship's owners had published an advertisement on the Internet, offering the explosives for sale. |
| 0 | 3344667 | 3344648 | Around 0335 GMT, Tab shares were up 19 cents, or 4.4 %, at A 14 4.56, having earlier set a record high of A 14 4.57. | Tab shares jumped 20 cents , or 4.6%, to set a record closing high at A 14 4.57. |
| 1 | 1236820 | 1236712 | The stock rose 14 2.11, or about 11 percent, to close Friday at 14 21.51 on the New York Stock Exchange. | PG & E Corp. shares jumped 14 1.63 or 8 percent to 14 21.03 on the New York Stock Exchange on Friday. |

MSR Paraphrase 資料集共 5801 行，5 列，其中兩列 ID 對於訓練 BERT 模型沒有用處，只需關注第 1 列和另外兩列 String。

兩列 String 在同一行顯然為兩個句子，這兩個句子可能表達的是同樣的意思，也可能是不同的意思，第 1 列的數字即標識了這兩個句子的意思是否相同。

從表 14-5 可以看出，MSR Paraphrase 資料集中的句子是比較雜亂的，有很多特殊符號、數字、大小寫混寫的情況，在資料前置處理過程中逐一修正這些問題。

## 14.2.3 資料處理實現程式

### 1. 字詞處理

首先讀取資料檔案，程式如下：

```
# 第 14 章 / 讀取資料檔案
import pandas as pd
data = pd.read_csv('data/msr_paraphrase.csv', sep='\t')
data
```

執行結果見表 14-6。

▼ 表 14-6 處理之前的 MSR Paraphrase 資料集

|  | Quality | #1 ID | #2 ID | #1 String | #2 String |
|---|---|---|---|---|---|
| 0 | 1 | 702876 | 702977 | Amrozi accused his brother , whom he called <Q... | Referring to him as only <QUOTE> the witness <... |
| 1 | 0 | 2108705 | 2108831 | Yucaipa owned Dominick 's before selling the c... | Yucaipa bought Dominick's in 1995 for 14 693 m... |
| 2 | 1 | 1330381 | 1330521 | They had published an advertisement on the Int... | On June 10, the ship's owners had published ... |
| 3 | 0 | 3344667 | 3344648 | Around 0335 GMT , Tab shares were up 19 cents ... | Tab shares jumped 20 cents, or 4.6 % , to set... |
| 4 | 1 | 1236820 | 1236712 | The stock rose 14 2.11 , or about 11 percent , ... | PG & E Corp. shares jumped 14 1.63 or 8 percent... |
| ... | ... | ... | ... | ... | ... |
| 5796 | 0 | 2685984 | 2686122 | After Hughes refused to rehire Hernandez , he ... | Hernandez filed an Equal Employment Opportunit... |
| 5797 | 0 | 339215 | 339172 | There are 103 Democrats in the Assembly and 47... | Democrats dominate the Assembly while Republic... |
| 5798 | 0 | 2996850 | 2996734 | Bethany Hamilton remained in stable condition ... | Bethany, who remained in stable condition aft... |
| 5799 | 1 | 2095781 | 2095812 | Last week the power station â ™ s US owners , ... | The news comes after Drax's American owner , ... |
| 5800 | 1 | 2136244 | 2136052 | Sobig. F spreads when unsuspecting computer use... | The virus spreads when unsuspecting computer u... |

兩列 ID 對於本章的任務沒有用處，移除這兩列，程式如下：

```
# 第 14 章 / 刪除無用的兩列資料
data.pop('#1 ID')
data.pop('#2 ID')
data
```

重新命名列名稱，程式如下：

```
# 第 14 章 / 重新命名列
columns = list(data.columns)
columns[0] = 'same'
columns[1] = 's1'
columns[2] = 's2'
data.columns = columns
data
```

文字中有很多特殊符號 <QUOTE>，在本章的任務中，出於簡單起見，不考慮標點符號，所以可以移除這個符號，程式如下：

```
# 第 14 章 / 刪除文字中的 <QUOTE> 符號
data['s1'] = data['s1'].str.replace('<QUOTE>', ' ')
data['s2'] = data['s2'].str.replace('<QUOTE>', ' ')
data
```

　　刪除所有標點符號，程式如下：

```
# 第 14 章 / 刪除標點符號
data['s1'] = data['s1'].str.replace('[^\w\s]', ' ')
data['s2'] = data['s2'].str.replace('[^\w\s]', ' ')
data
```

　　文字中有一些特殊字元需要替換為常規的字元，程式如下：

```
# 第 14 章 / 替換特殊字元
data['s1'] = data['s1'].str.replace('â', 'a')
data['s2'] = data['s2'].str.replace('â', 'a')
data['s1'] = data['s1'].str.replace('Â', 'A')
data['s2'] = data['s2'].str.replace('Â', 'A')
data['s1'] = data['s1'].str.replace('Ã', 'A')
data['s2'] = data['s2'].str.replace('Ã', 'A')
data['s1'] = data['s1'].str.replace('_', ' ')
data['s2'] = data['s2'].str.replace('_', ' ')
data['s1'] = data['s1'].str.replace('µ', 'u')
data['s2'] = data['s2'].str.replace('µ', 'u')
data['s1'] = data['s1'].str.replace('³', ' ')
data['s2'] = data['s2'].str.replace('³', ' ')
data['s1'] = data['s1'].str.replace('½', ' ')
data['s2'] = data['s2'].str.replace('½', ' ')
data
```

　　經過以上處理以後，文件中有很多連續的空格，需要將連續的空格合併為 1 個空格，程式如下：

```
# 第 14 章 / 合併連續的空格
data['s1'] = data['s1'].str.replace('\s{2,}', ' ')
data['s2'] = data['s2'].str.replace('\s{2,}', ' ')
data
```

　　文件中有些數字和字母連在一起，例如「12th」「1990s」等，需要把它們拆分開，程式如下：

```
# 第 14 章 / 拆分數字和字母連寫的詞
data['s1'] = data['s1'].str.replace('(\d)([a-zA-Z])', '\\1 \\2')
data['s2'] = data['s2'].str.replace('(\d)([a-zA-Z])', '\\1 \\2')
data['s1'] = data['s1'].str.replace('([a-zA-Z])(\d)', '\\1 \\2')
data['s2'] = data['s2'].str.replace('([a-zA-Z])(\d)', '\\1 \\2')
data
```

文字中大小寫是混寫的，出於簡單考慮，把所有的大寫字母轉為小寫字母，並移除每個句子首尾的空格，程式如下：

```
# 第 14 章 / 刪除首尾空格並小寫所有字母
data['s1'] = data['s1'].str.strip()
data['s2'] = data['s2'].str.strip()
data['s1'] = data['s1'].str.lower()
data['s2'] = data['s2'].str.lower()
data
```

文字中有很多數字，如果每個數字都作為一個詞處理，則字典的量將不可控，並且數字過於抽象，神經網路不太可能捕捉到每個數字的詞向量表示，所以將所有的數字替換為特殊符號，程式如下：

```
# 第 14 章 / 替換數字為符號
data['s1'] = data['s1'].str.replace('\d+', '<NUM>')
data['s2'] = data['s2'].str.replace('\d+', '<NUM>')
data
```

執行結果見表 14-7。

▼ 表 14-7 文字處理完畢的 MSR Paraphrase 資料集

| | same | s1 | s2 |
|---|---|---|---|
| 0 | 1 | amrozi accused his brother whom he called the ... | referring to him as only the witness amrozi ac... |
| 1 | 0 | yucaipa owned dominick s before selling the ch... | yucaipa bought dominick s in <NUM> for <NUM> m... |
| 2 | 1 | they had published an advertisement on the int... | on june <NUM> the ship s owners had published ... |
| 3 | 0 | around <NUM> gmt tab shares were up <NUM> cent... | tab shares jumped <NUM> cents or <NUM> <NUM> t... |
| 4 | 1 | the stock rose <NUM><NUM> or about <NUM> perc... | pg e corp shares jumped <NUM><NUM> or <NUM> p... |

（續表）

| | same | s1 | s2 |
|---|---|---|---|
| ... | ... | ... | ... |
| 5796 | 0 | after hughes refused to rehire hernandez he co... | hernandez filed an equal employment opportunit ... |
| 5797 | 0 | there are <NUM> democrats in the assembly and ... | democrats dominate the assembly while republic ... |
| 5798 | 0 | bethany hamilton remained in stable condition ... | bethany who remained in stable condition after... |
| 5799 | 1 | last week the power station a s us owners aes ... | the news comes after drax s american owner aes... |
| 5800 | 1 | sobig f spreads when unsuspecting computer use... | the virus spreads when unsuspecting computer u... |

## 2. 合併句子

　　到此，文字的處理已經完畢，接下來需要把兩個句子組合為一個句子，首先要對第 1 個句子增加首尾符號，程式如下：

```
# 第 14 章 / 為 s1 增加首尾符號
def f(sent):
    return '<SOS> ' + sent + ' <EOS>'
data['s1'] = data['s1'].apply(f)
data
```

　　由於第 2 個句子會接在第 1 個句子的後面，所以第 1 個句子的結尾符號即為第 2 個句子的開頭符號，由此第 2 個句子不需要增加開頭符號，只需增加結尾符號，程式如下：

```
# 第 14 章 / 為 s2 增加結尾符號
def f(sent):
    return sent + ' <EOS>'
data['s2'] = data['s2'].apply(f)
data
```

　　在組合兩個句子之後，需要先計算出兩個句子的長度，後續在 BERT 中計算部分編碼時需要用到，程式如下：

```
# 第 14 章 / 分別求出 s1 和 s2 的長度
def f(sent):
    return len(sent.split(' '))
```

```
data['s1_lens'] = data['s1'].apply(f)
data['s2_lens'] = data['s2'].apply(f)
data
```

接下來需要求出兩個句子相加之後的最大長度，以確定每個句子需要補充 PAD 的長度，程式如下：

```
# 第 14 章 / 求 s1+s2 後的最大長度
max_lens = max(data['s1_lens'] + data['s2_lens'])
max_lens
```

執行結果如下：

```
72
```

可見兩個句子相加，最大長度為 72 個單字，對於不足 72 個單字的句子，需要補充 PAD，讓所有句子的長度保持一致，便於後續的計算。

在補充 PAD 之前，首先需要計算出每個句子要補充 PAD 的長度，程式如下：

```
# 第 14 章 / 求出每個句子需要補充 PAD 的長度
data['pad_lens'] = max_lens - data['s1_lens'] - data['s2_lens']
data
```

至此，就可以合併兩個句子了，程式如下：

```
# 第 14 章 / 合併 s1 和 s2
data['sent'] = data['s1'] + ' ' + data['s2']
data.pop('s1')
data.pop('s2')
data
```

現在對每個句子補充 PAD，程式如下：

```
# 第 14 章 / 為不足最大長度的句子補充 PAD
def f(row):
    pad = ' '.join(['<PAD>'] * row['pad_lens'])
    row['sent'] = row['sent'] + ' ' + pad
    return row
data = data.apply(f, axis=1)
data
```

執行結果見表 14-8。

▼ 表 14-8 合併句子完畢的 MSR Paraphrase 資料集

| | same | s1_lens | s2_lens | pad_lens | sent |
|---|---|---|---|---|---|
| 0 | 1 | 16 | 17 | 39 | \<SOS> amrozi accused his brother whom he calle... |
| 1 | 0 | 18 | 21 | 33 | \<SOS> yucaipa owned dominick s before selling ... |
| 2 | 1 | 20 | 20 | 32 | \<SOS> they had published an advertisement on t... |
| 3 | 0 | 28 | 19 | 25 | \<SOS> around \<NUM> gmt tab shares were up \<NUM ... |
| 4 | 1 | 23 | 22 | 27 | \<SOS> the stock rose \<NUM>\<NUM> or about \<NUM... |
| ... | ... | ... | ... | ... | ... |
| 5796 | 0 | 16 | 11 | 45 | \<SOS> after hughes refused to rehire hernandez... |
| 5797 | 0 | 12 | 10 | 50 | \<SOS> there are \<NUM> democrats in the assembl... |
| 5798 | 0 | 14 | 17 | 41 | \<SOS> bethany hamilton remained in stable cond... |
| 5799 | 1 | 29 | 30 | 13 | \<SOS> last week the power station a s us owner... |
| 5800 | 1 | 28 | 23 | 21 | \<SOS> sobig f spreads when unsuspecting comput... |

## 3. 建構字典並編碼

至此，句子的合併已經完畢，接下來需要建構字典，程式如下：

```
# 第 14 章 / 建構字典
def build_vocab():
    vocab = {
        '<PAD>': 0,
        '<SOS>': 1,
        '<EOS>': 2,
        '<NUM>': 3,
        '<UNK>': 4,
        '<MASK>': 5,
        '<Symbol6>': 6,
        '<Symbol7>': 7,
        '<Symbol8>': 8,
        '<Symbol9>': 9,
        '<Symbol10>': 10,
    }
    for i in range(len(data)):
        for word in data.iloc[i]['sent'].split(' '):
            if word not in vocab:
                vocab[word] = len(vocab)
    return vocab
vocab = build_vocab()
len(vocab), vocab['the']
```

輸出的結果如下：

```
(14789, 18)
```

建構字典之前，首先定義了 10 個特殊符號，有些特殊符號是預留的，防止以後可能需要增加新的特殊符號的情況，普通詞的序號從 11 開始。

建構字典的過程需要遍歷所有句子的所有詞，如果發現新詞，則增加入字典，序號相應地增加 1。

從結果可以看出，使用 MSR Paraphrase 資料集編出的字典共 14789 個詞，包括 10 個特殊符號，單字 the 的序號為 18。

有了字典之後，可以使用字典把所有的單字轉為數字，程式如下：

```
# 第 14 章 / 使用字典編碼文字
def f(sent):
    sent = [str(vocab[word]) for word in sent.split()]
    sent = ','.join(sent)
    return sent
data['sent'] = data['sent'].apply(f)
data
```

執行結果見表 14-9。

▼ 表 14-9 處理完畢的 MSR Paraphrase 資料集

|  | same | s1_lens | s2_lens | pad_lens | sent |
|---|---|---|---|---|---|
| 0 | 1 | 16 | 17 | 39 | 1,11,12,13,14,15,16,17,18,19,20,21,22,13,23,2,... |
| 1 | 0 | 18 | 21 | 33 | 1,29,30,31,32,33,34,18,35,25,36,37,3,38,3,3,39... |
| 2 | 1 | 20 | 20 | 32 | 1,45,46,47,48,49,50,18,51,50,52,3,53,18,54,38,... |
| 3 | 0 | 28 | 19 | 25 | 1,60,3,61,62,63,64,65,3,66,67,3,3,68,69,3,3,70... |
| 4 | 1 | 23 | 22 | 27 | 1,18,77,78,3,3,67,79,3,80,25,81,82,68,3,3,50,1... |
| ... | ... | ... | ... | ... | ... |
| 5796 | 0 | 16 | 11 | 45 | 1,427,1645,2006,25,10152,2246,16,14787,25,18,1... |
| 5797 | 0 | 12 | 10 | 50 | 1,514,448,3,1756,37,18,4646,42,3,1755,2,1756,1... |
| 5798 | 0 | 14 | 17 | 41 | 1,10028,994,2211,37,1627,2190,1672,427,18,1167... |
| 5799 | 1 | 29 | 30 | 13 | 1,464,908,18,917,434,69,32,586,58,9275,88,3184... |
| 5800 | 1 | 28 | 23 | 21 | 1,2808,2809,2799,205,2800,2801,1573,1658,1243,... |

## 4. 儲存資料檔案

　　至此資料已經處理完畢，可以儲存為 CSV 檔案，便於後續輸入 BERT 當中計算，程式如下：

```
# 第 14 章 / 儲存為 CSV 檔案
data.to_csv('data/msr_paraphrase_data.csv', index=False)
```

　　字典也儲存為 CSV 檔案，後續需要對資料解碼，程式如下：

```
# 第 14 章 / 儲存字典
pd.DataFrame(vocab.items(), columns=['word', 'token']).to_csv('data/msr_
paraphrase_vocab.csv',
                                            index=False)
```

　　儲存的資料檔案內容見表 14-10。

▼ 表 14-10　儲存的資料檔案

| same | s1_lens | s2_lens | pad_lens | sent |
|---|---|---|---|---|
| 1 | 16 | 17 | 39 | 1,11,12,13,14,15,16,17,18,19,20,21,22,13,23,2,24,25,26,27,28, 18,19,11,12,13,14,20,21,22,13,23,2,0,0,0,0,0,0,0,0,0,0,0,0,0,0, 0,0,0,0,0,0,0,0,0,0,0,0,0,0,0,0,0,0,0,0,0,0,0,0,0,0 |
| 0 | 18 | 21 | 33 | 1,29,30,31,32,33,34,18,35,25,36,37,3,38,3,3,39,2,29,40,31,32, 37,3,38,3,41,42,43,44,25,36,38,3,3,39,37,3,2,0,0,0,0,0,0,0,0,0, 0,0,0,0,0,0,0,0,0,0,0,0,0,0,0,0,0,0,0,0,0,0,0,0,0,0 |
| 1 | 20 | 20 | 32 | 1,45,46,47,48,49,50,18,51,50,52,3,53,18,54,38,55,16,56,2,50,5 2,3,18,57,32,58,46,47,48,49,50,18,51,53,18,59,38,55,2,0,0,0,0, 0,0,0,0,0,0,0,0,0,0,0,0,0,0,0,0,0,0,0,0,0,0,0,0,0,0,0,0 |
| 0 | 28 | 19 | 25 | 1,60,3,61,62,63,64,65,3,66,67,3,3,68,69,3,3,70,71,72,69,73,74, 20,69,3,3,2,62,63,75,3,66,67,3,3,25,72,69,73,76,74,68,69,3,3,2 ,0,0,0,0,0,0,0,0,0,0,0,0,0,0,0,0,0,0,0,0,0,0,0,0,0,0 |
| 1 | 23 | 22 | 27 | 1,18,77,78,3,3,67,79,3,80,25,81,82,68,3,3,50,18,83,84,77,85,2, 86,87,88,63,75,3,3,67,3,80,25,3,3,50,18,83,84,77,85,50,82,2,0, 0,0,0,0,0,0,0,0,0,0,0,0,0,0,0,0,0,0,0,0,0,0,0,0,0,0 |
| ... | ... | ... | ... | ... |

　　儲存的字典檔案內容見表 14-11。

▼ 表 14-11 儲存的字典檔案

| word | token | word | token | word | token | word | token |
|------|-------|------|-------|------|-------|------|-------|
| <PAD> | 0 | amrozi | 11 | distorting | 22 | before | 33 |
| <SOS> | 1 | accused | 12 | evidence | 23 | selling | 34 |
| <EOS> | 2 | his | 13 | referring | 24 | chain | 35 |
| <NUM> | 3 | brother | 14 | to | 25 | safeway | 36 |
| <UNK> | 4 | whom | 15 | him | 26 | in | 37 |
| <MASK> | 5 | he | 16 | as | 27 | for | 38 |
| <Symbol6> | 6 | called | 17 | only | 28 | billion | 39 |
| <Symbol7> | 7 | the | 18 | yucaipa | 29 | bought | 40 |
| <Symbol8> | 8 | witness | 19 | owned | 30 | million | 41 |
| <Symbol9> | 9 | of | 20 | dominick | 31 | and | 42 |
| <Symbol10> | 10 | deliberately | 21 | s | ... | ... | ... |

## 14.3　PyTorch 提供的 Transformer 工具層介紹

BERT 使用了 Transformer 的編碼器，在之前的章節我們手動建構了 Transformer 模型，手動建構的模型的程式量大，過程比較複雜。本章的主題是 BERT 模型，所以我們儘量剝離 Transformer 內部的實現細節，更多地關注 BERT 的計算過程。

在 PyTorch 當中提供了 Transformer 的一些工具層，能夠幫助我們快速地建構 Transformer 模型，忽略 Transformer 實現的具體細節，接下來將詳細介紹這些工具層。

### 1. 定義測試資料

首先需要虛擬一些資料，以進行後續的實驗，程式如下：

```
# 第 14 章 / 虛擬資料
import torch
# 假設有兩句話，8 個詞
x = torch.ones(2, 8)
# 兩句話中各有一些 PAD
x[0, 6:] = 0
x[1, 7:] = 0
x
```

執行結果如下：

```
tensor([[1., 1., 1., 1., 1., 1., 0., 0.],
        [1., 1., 1., 1., 1., 1., 1., 0.]])
```

在這段程式中，虛擬了兩句話，每句話包括 8 個詞，每句話的末尾都有一些 PAD，後續將使用這兩句話進行一些實驗。

## 2.　各個 MASK 的含義解釋

在 Transformer 當中有幾種 MASK，用來遮擋資料中的某些不需要關注的位置。

第 1 個 MASK 是 key_padding_mask，它的作用是遮擋資料中的 PAD 位置，防止 Transformer 把注意力浪費在 PAD 上，顯然 PAD 是沒有承載任何資訊的，所以應該忽略敘述中的 PAD，定義 key_padding_mask 的程式如下：

```
# 第 14 章 / 定義 key_padding_mask
#key_padding_mask 的定義方式，就是 x 中是 pad 的為 True，否則是 False
key_padding_mask = x == 0
key_padding_mask
```

執行結果如下：

```
tensor([[False, False, False, False, False, False,  True,  True],
        [False, False, False, False, False, False, False,  True]])
```

key_padding_mask 的定義是根據敘述中每個位置是否是 PAD 來確定的，如果是 PAD，則是 True，在計算注意力時會被忽略，否則是 False，會被正常地計算注意力。

第 2 個 MASK 是 encode_attn_mask，它定義了是否要忽略輸入敘述內某些詞與詞之間的注意力，一般來講不需要忽略輸入敘述中的注意力，所以將 encode_attn_mask 定義為全 False 的矩陣即可，程式如下：

```
# 第 14 章 / 定義 encode_attn_mask
# 在 encode 階段不需要定義 encode_attn_mask
# 定義為 None 或全 False 都可以
encode_attn_mask = torch.ones(8, 8) == 0
encode_attn_mask
```

執行結果如下：

```
tensor([[False, False, False, False, False, False, False, False],
        [False, False, False, False, False, False, False, False],
        [False, False, False, False, False, False, False, False],
        [False, False, False, False, False, False, False, False],
        [False, False, False, False, False, False, False, False],
        [False, False, False, False, False, False, False, False],
        [False, False, False, False, False, False, False, False],
        [False, False, False, False, False, False, False, False]])
```

可以看到，encode_attn_mask 是個全 False 的矩陣，由於全 False 也是 PyTorch 的 Transformer 工具層的預設值，所以 encode_attn_mask 也可以定義為 None，兩者是等價的。

第 3 個 MASK 是 decode_attn_mask，它定義了是否要忽略輸出敘述內某些詞與詞之間的注意力，一般來講在解碼輸出敘述時，應該遮擋正確答案，防止模型直接照抄正確答案，導致模型的成績虛高，程式如下：

```
# 第 14 章 / 定義 decode_attn_mask
# 在 decode 階段需要定義 decode_attn_mask
#decode_attn_mask 的定義方式是對角線以上為 True 的上三角矩陣
decode_attn_mask = torch.tril(torch.ones(8, 8)) == 0
decode_attn_mask
```

執行結果如下：

```
tensor([[False,  True,  True,  True,  True,  True,  True,  True],
        [False, False,  True,  True,  True,  True,  True,  True],
        [False, False, False,  True,  True,  True,  True,  True],
        [False, False, False, False,  True,  True,  True,  True],
        [False, False, False, False, False,  True,  True,  True],
        [False, False, False, False, False, False,  True,  True],
        [False, False, False, False, False, False, False,  True],
        [False, False, False, False, False, False, False, False]])
```

可以看到 decode_attn_mask 是一個 8×8 的上三角矩陣，對角線以上的位置全為 True，其他位置為 False，這個 MASK 表達的含義是，在解碼第 2 個詞時，只能看到第 1 個詞，看不到以後的詞，在解碼第 3 個詞時，只能看到第 1 個和第 2 個詞，看不到以後的詞，依此類推，這樣就避免了解碼器直接從題目中照抄答案。

### 3. 編碼資料

到目前為止，3 個 MASK 就定義接下來可以對 x 編碼，把每個詞編碼成詞向量，程式如下：

```
# 第 14 章 / 編碼 x
x = x.unsqueeze(2)
x = x.expand(-1, -1, 12)
x, x.shape
```

執行結果如下：

```
(tensor([[[1., 1., 1., 1., 1., 1., 1., 1., 1., 1., 1., 1.],
          [1., 1., 1., 1., 1., 1., 1., 1., 1., 1., 1., 1.],
          [1., 1., 1., 1., 1., 1., 1., 1., 1., 1., 1., 1.],
          [1., 1., 1., 1., 1., 1., 1., 1., 1., 1., 1., 1.],
          [1., 1., 1., 1., 1., 1., 1., 1., 1., 1., 1., 1.],
          [1., 1., 1., 1., 1., 1., 1., 1., 1., 1., 1., 1.],
          [0., 0., 0., 0., 0., 0., 0., 0., 0., 0., 0., 0.],
          [0., 0., 0., 0., 0., 0., 0., 0., 0., 0., 0., 0.]],

         [[1., 1., 1., 1., 1., 1., 1., 1., 1., 1., 1., 1.],
          [1., 1., 1., 1., 1., 1., 1., 1., 1., 1., 1., 1.],
          [1., 1., 1., 1., 1., 1., 1., 1., 1., 1., 1., 1.],
          [1., 1., 1., 1., 1., 1., 1., 1., 1., 1., 1., 1.],
          [1., 1., 1., 1., 1., 1., 1., 1., 1., 1., 1., 1.],
          [1., 1., 1., 1., 1., 1., 1., 1., 1., 1., 1., 1.],
          [1., 1., 1., 1., 1., 1., 1., 1., 1., 1., 1., 1.],
          [0., 0., 0., 0., 0., 0., 0., 0., 0., 0., 0., 0.]]]),
 torch.Size([2, 8, 12]))
```

可以看到，x 中的每個詞都被編碼成了一個 12 維的向量。x 的維度被轉為 2×8×12，表示 2 句話、每句話 8 個詞、每個詞用 12 維的向量表示。

### 4. 多頭注意力計算函式

在介紹 PyTorch 的 Transformer 工具層之前，首先來看 PyTorch 提供的多頭注意力計算函式，在計算多頭注意力時需要做兩次線性變換，一次是對傳入參數的 **Q**、**K**、**V** 矩陣分別做線性變換，另一次是計算完成以後，對注意力分數做線性變換，兩次線性變換分別需要兩組 weight 和 bias 參數，這裡先把它們定義出來，程式如下：

```
# 第14章 / 定義 multi_head_attention_forward() 所需要的參數
#in_proj 就是 Q、K、V 線性變換的參數
in_proj_weight = torch.nn.Parameter(torch.randn(3 * 12, 12))
in_proj_bias = torch.nn.Parameter(torch.zeros((3 * 12)))
#out_proj 就是輸出時做線性變換的參數
out_proj_weight = torch.nn.Parameter(torch.randn(12, 12))
out_proj_bias = torch.nn.Parameter(torch.zeros(12))
in_proj_weight.shape, in_proj_bias.shape, out_proj_weight.shape,
out_proj_bias.shape
```

執行結果如下：

```
(torch.Size([36, 12]),
 torch.Size([36]),
 torch.Size([12, 12]),
 torch.Size([12]))
```

定義好了兩組線性變換的參數以後就可以呼叫多頭注意力計算函式了，程式如下：

```
# 第14章 / 使用工具函式計算多頭注意力
data = {
    # 因為不是 batch_first 的，所以需要進行變形
    'query': x.permute(1, 0, 2),
    'key': x.permute(1, 0, 2),
    'value': x.permute(1, 0, 2),
    'embed_dim_to_check': 12,
    'num_heads': 2,
    'in_proj_weight': in_proj_weight,
    'in_proj_bias': in_proj_bias,
    'bias_k': None,
    'bias_v': None,
    'add_zero_attn': False,
    'DropOut_p': 0.2,
    'out_proj_weight': out_proj_weight,
    'out_proj_bias': out_proj_bias,
    'key_padding_mask': key_padding_mask,
    'attn_mask': encode_attn_mask,
}
score, attn = torch.nn.functional.multi_head_attention_forward(**data)
score.shape, attn, attn.shape
```

執行結果如下：

```
(torch.Size([8, 2, 12]),
 tensor([[[0.2083, 0.2083, 0.2083, 0.2083, 0.1042, 0.2083, 0.0000, 0.0000],
          [0.1042, 0.1042, 0.2083, 0.2083, 0.2083, 0.0000, 0.0000, 0.0000],
          [0.2083, 0.2083, 0.1042, 0.2083, 0.2083, 0.1042, 0.0000, 0.0000],
          [0.2083, 0.2083, 0.1042, 0.2083, 0.2083, 0.2083, 0.0000, 0.0000],
          [0.1042, 0.1042, 0.1042, 0.2083, 0.1042, 0.2083, 0.0000, 0.0000],
          [0.2083, 0.1042, 0.1042, 0.2083, 0.2083, 0.2083, 0.0000, 0.0000],
          [0.2083, 0.2083, 0.2083, 0.1042, 0.2083, 0.2083, 0.0000, 0.0000],
          [0.1042, 0.2083, 0.1042, 0.1042, 0.2083, 0.2083, 0.0000, 0.0000]],
         [[0.0893, 0.0893, 0.1786, 0.1786, 0.1786, 0.1786, 0.1786, 0.0000],
          [0.0893, 0.1786, 0.1786, 0.1786, 0.0893, 0.1786, 0.0893, 0.0000],
          [0.1786, 0.0000, 0.1786, 0.0893, 0.1786, 0.0893, 0.1786, 0.0000],
          [0.1786, 0.0893, 0.1786, 0.1786, 0.1786, 0.1786, 0.1786, 0.0000],
          [0.1786, 0.0893, 0.0893, 0.1786, 0.1786, 0.0000, 0.1786, 0.0000],
          [0.1786, 0.1786, 0.1786, 0.0893, 0.0893, 0.0893, 0.1786, 0.0000],
          [0.1786, 0.1786, 0.1786, 0.0893, 0.0893, 0.0893, 0.1786, 0.0000],
          [0.0893, 0.1786, 0.0893, 0.1786, 0.1786, 0.1786, 0.1786, 0.0000]]],
        grad_fn=<DivBackward0>),
 torch.Size([2, 8, 8]))
```

多頭注意力計算函式需要的傳入參數比較多，下面分別介紹。

（1）query、key、value：分別是計算注意力的 $Q$、$K$、$V$ 矩陣，在上面的例子中都使用 x 計算，也就是說，我們計算的是自注意力。

（2）embed_dim_to_check：詞向量編碼的維度。

（3）num_heads：多頭注意力的頭數，這個數字必須可以整除詞向量編碼的維度。

（4）in_proj_weight、in_proj_bias：對 $Q$、$K$、$V$ 矩陣做線性變換所使用的參數。

（5）bias_k、bias_v：是否要對 $K$ 和 $V$ 矩陣單獨增加 bias，一般設置為 None 即可。

（6）add_zero_attn：如果設置為 True，則會在 $Q$、$K$ 的注意力結果中單獨加一列 0，一般設置為預設值 False 即可。

（7）DropOut_p：執行過程中所使用的 DropOut 機率。

（8）out_proj_weight、out_proj_bias：對注意力分數做線性變換所使用的參數。

（9）key_padding_mask：是否要忽略敘述中的某些位置，一般只需忽略 PAD 的位置。

（10）attn_mask：是否要忽略每個詞之間的注意力，在編碼器中一般只用全 False 的矩陣，在解碼器中一般使用對角線以上全 True 的矩陣。

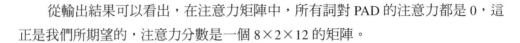

從輸出結果可以看出，在注意力矩陣中，所有詞對 PAD 的注意力都是 0，這正是我們所期望的，注意力分數是一個 $8 \times 2 \times 12$ 的矩陣。

## 5. 多頭注意力層

完成了比較複雜的多頭注意力計算函式，接下來看一下封裝程度更高、使用更方便的多頭注意力層，程式如下：

```
# 第 14 章 / 使用多頭注意力工具層
multihead_attention = torch.nn.MultiheadAttention(embed_dim=12,
                                                  num_heads=2,
                                                  DropOut=0.2,
                                                  batch_first=True)
data = {
    'query': x,
    'key': x,
    'value': x,
    'key_padding_mask': key_padding_mask,
    'attn_mask': encode_attn_mask,
}
score, attn = multihead_attention(**data)
score.shape, attn, attn.shape
```

執行結果如下：
```
(torch.Size([2, 8, 12]),
 tensor([[[0.2083, 0.2083, 0.2083, 0.2083, 0.2083, 0.1042, 0.0000, 0.0000],
          [0.2083, 0.1042, 0.2083, 0.2083, 0.0000, 0.2083, 0.0000, 0.0000],
          [0.2083, 0.2083, 0.2083, 0.1042, 0.1042, 0.2083, 0.0000, 0.0000],
          [0.2083, 0.2083, 0.0000, 0.2083, 0.2083, 0.2083, 0.0000, 0.0000],
          [0.2083, 0.1042, 0.1042, 0.0000, 0.2083, 0.2083, 0.0000, 0.0000],
          [0.2083, 0.1042, 0.2083, 0.2083, 0.1042, 0.2083, 0.0000, 0.0000],
          [0.2083, 0.1042, 0.2083, 0.2083, 0.2083, 0.2083, 0.0000, 0.0000],
          [0.2083, 0.2083, 0.2083, 0.1042, 0.2083, 0.2083, 0.0000, 0.0000]],
         [[0.1786, 0.0893, 0.0893, 0.1786, 0.0893, 0.1786, 0.1786, 0.0000],
          [0.1786, 0.1786, 0.1786, 0.1786, 0.1786, 0.1786, 0.1786, 0.0000],
          [0.1786, 0.0893, 0.0893, 0.0893, 0.0893, 0.1786, 0.0893, 0.0000],
          [0.0893, 0.0893, 0.0893, 0.0893, 0.0893, 0.0893, 0.1786, 0.0000],
          [0.1786, 0.1786, 0.0893, 0.1786, 0.1786, 0.1786, 0.1786, 0.0000],
          [0.1786, 0.0893, 0.0893, 0.1786, 0.1786, 0.1786, 0.1786, 0.0000],
          [0.1786, 0.0893, 0.1786, 0.1786, 0.1786, 0.0000, 0.0000, 0.0000],
          [0.1786, 0.1786, 0.1786, 0.1786, 0.1786, 0.1786, 0.1786, 0.0000]]],
        grad_fn=<DivBackward0>),
 torch.Size([2, 8, 8]))
```

多頭注意力層初始化的參數和運算參數大多在多頭注意力計算函式中出現過，它們表示的意思也相同。

　　參數 batch_first=True 表示輸入的敘述 Batch Size 在第一維度，這樣輸入和輸出的形狀都和 x 的定義一致，不需要再做額外的變形。

　　由於多頭注意力層是一個神經網路層，它封裝了輸入和輸出的線性計算的參數，所以不需要再額外指定。

　　從輸出的注意力矩陣來看，也同樣忽略了對敘述中所有 PAD 的注意力。

## 6. 編碼器層

　　接下來是編碼器層，程式如下：

```
# 第 14 章 / 使用單層編碼器工具層
encoder_layer = torch.nn.TransformerEncoderLayer(
    d_model=12,
    nhead=2,
    dim_feedforward=24,
    DropOut=0.2,
    activation=torch.nn.functional.ReLU,
    batch_first=True,
    norm_first=True)
data = {
    'src': x,
    'src_mask': encode_attn_mask,
    'src_key_padding_mask': key_padding_mask,
}
out = encoder_layer(**data)
out.shape
```

　　執行結果如下：

```
torch.Size([2, 8, 12])
```

　　編碼器層初始化時的參數列表如下。

　　（1）d_mode：詞向量編碼的維度。

　　（2）nhead：多頭注意力的頭數，這個數字必須可以整除詞向量編碼的維度。

　　（3）dim_feedforward：在內部計算線性變換時，投影空間的維度。

　　（4）DropOut：內部計算時 DropOut 的機率。

　　（5）activation：內部計算時使用的啟動函式。

（6）batch_first：輸入敘述的第一維度是否是 batch_size。

（7）norm_first：PyTorch 的 Transformer 工具層同樣支援標準化層前置的計算方法，透過該參數指定即可。

編碼器層計算時的參數列表如下。

（1）src：已經被編碼的輸入敘述。

（2）src_mask：定義是否要忽略詞與詞之間的注意力，即 encode_attn_mask。

（3）src_key_padding_mask：定義敘述中哪些位置是 PAD，以忽略對 PAD 的注意力，即 key_padding_mask。

在 Transformer 模型中，多個編碼器層串聯在一起就成了編碼器，在 PyTorch 當中提供了編碼器層，程式如下：

```
# 第 14 章 / 使用編碼器工具層
encoder = torch.nn.TransformerEncoder(
    encoder_layer=encoder_layer,
    num_layers=3,
    norm=torch.nn.LayerNorm(normalized_shape=12))
data = {
    'src': x,
    'mask': encode_attn_mask,
    'src_key_padding_mask': key_padding_mask,
}
out = encoder(**data)
out.shape
```

執行結果如下：

```
torch.Size([2, 8, 12])
```

編碼器初始化時的參數列表如下。

（1）encoder_layer：要使用的編碼器層。

（2）num_layers：使用幾層的編碼器層串聯。

（3）norm：要使用的標準化層實現。

編碼器計算時的參數列表和編碼器層的參數列表相同。

## 7.　解碼器層

接下來看解碼器層，雖然在 BERT 模型當中不會用到 Transformer 的解碼器，但出於內容的完整性，會把 PyTorch 提供的 Transformer 工具層都介紹。使用解碼器層的範例程式如下：

```
# 第 14 章 / 使用單層解碼器工具層
decoder_layer = torch.nn.TransformerDecoderLayer(
    d_model=12,
    nhead=2,
    dim_feedforward=24,
    DropOut=0.2,
    activation=torch.nn.functional.ReLU,
    batch_first=True,
    norm_first=True)
data = {
    'tgt': x,
    'memory': x,
    'tgt_mask': decode_attn_mask,
    'memory_mask': encode_attn_mask,
    'tgt_key_padding_mask': key_padding_mask,
    'memory_key_padding_mask': key_padding_mask,
}
out = decoder_layer(**data)
out.shape
```

執行結果如下：

```
torch.Size([2, 8, 12])
```

解碼器初始化時的參數列表和編碼器層的相同，表達的意思也都相同。

解碼器計算時的參數列表如下。

（1）tgt：解碼輸出的目標敘述，即 target。

（2）memory：解碼器的編碼結果，也就是解碼器解碼時的根據資料。

（3）tgt_mask：定義是否要忽略詞與詞之間的注意力，即 decode_attn_mask。

（4）memory_mask：定義是否要忽略 memory 內的部分詞與詞之間的注意力，一般不需要忽略。

（5）tgt_key_padding_mask：定義 target 內哪些位置是 PAD，以忽略對 PAD 的注意力。

（6）memory_key_padding_mask：定義 memory 內哪些位置是 PAD，以忽略對 PAD 的注意力。

和編碼器一樣，同樣存在解碼器，使用的範例程式如下：

```
# 第 14 章 / 使用解碼器工具層
decoder = torch.nn.TransformerDecoder(
    decoder_layer=decoder_layer,
    num_layers=3,
    norm=torch.nn.LayerNorm(normalized_shape=12))
data = {
    'tgt': x,
    'memory': x,
    'tgt_mask': decode_attn_mask,
    'memory_mask': encode_attn_mask,
    'tgt_key_padding_mask': key_padding_mask,
    'memory_key_padding_mask': key_padding_mask,
}
out = decoder(**data)
out.shape
```

執行結果如下：

```
torch.Size([2, 8, 12])
```

解碼器初始化時的參數列表和編碼器的相同，表達的意思也都相同。

解碼器計算時的參數列表和解碼器層的相同，表達的意思也都相同。

### 8. 完整的 Transformer 模型

最後，PyTorch 提供了完整的 Transformer 模型，使用的程式如下：

```
# 第 14 章 / 使用 Transformer 工具模型
transformer = torch.nn.Transformer(d_model=12,
                                   nhead=2,
                                   num_encoder_layers=3,
                                   num_decoder_layers=3,
                                   dim_feedforward=24,
                                   DropOut=0.2,
                                   activation=torch.nn.functional.ReLU,
                                   custom_encoder=encoder,
```

```
                                custom_decoder=decoder,
                                batch_first=True,
                                norm_first=True)
data = {
    'src': x,
    'tgt': x,
    'src_mask': encode_attn_mask,
    'tgt_mask': decode_attn_mask,
    'memory_mask': encode_attn_mask,
    'src_key_padding_mask': key_padding_mask,
    'tgt_key_padding_mask': key_padding_mask,
    'memory_key_padding_mask': key_padding_mask,
}
out = transformer(**data)
out.shape
```

執行結果如下：

```
torch.Size([2, 8, 12])
```

Transformer 模型初始化時的參數清單很多在前面已經介紹過，這裡只介紹幾個特殊的參數。

（1）custom_encoder：要使用的編碼器，如果指定為 None，則會使用預設的編碼器層堆疊 num_encoder_layers 層組成編碼器。

（2）custom_decoder：要使用的解碼器，如果指定為 None，則會使用預設的解碼器層堆疊 num_decoder_layers 層組成解碼器。

Transformer 模型計算時的參數基本在前面已經看到過，這裡不再贅述。

## 14.4　手動實現 BERT 模型

做完了前期的準備工作，掌握了必要的儲備知識以後，就可以開始著手實現 BERT 模型了。

### 14.4.1　準備資料集

#### 1. 讀取字典

首先讀取字典，程式如下：

```
# 第 14 章 / 讀取字典
import pandas as pd
vocab = pd.read_csv('data/msr_paraphrase_vocab.csv', index_col='word')
vocab_r = pd.read_csv('data/msr_paraphrase_vocab.csv', index_col='token')
vocab, vocab_r
```

執行結果如下：

```
(               token
 word
<PAD>              0
<SOS>              1
<EOS>              2
<NUM>              3
<UNK>              4
 ...             ...
eastbound      14784
clouds         14785
repave         14786
complained     14787
dominate       14788
[14789 rows x 1 columns],
                word
token
0              <PAD>
1              <SOS>
2              <EOS>
3              <NUM>
4              <UNK>
 ...             ...
14784      eastbound
14785         clouds
14786         repave
14787     complained
14788       dominate
[14789 rows x 1 columns])
```

同一份字典被讀取了兩次，分別為詞到索引的字典和索引到詞的字典，在後續的計算中這兩份字典都有用處。

## 2. 讀取資料集

接下來把本次任務中要用到的資料集定義出來，程式如下：

```
# 第 14 章 / 定義資料集
```

```
import torch
class MsrDataset(torch.utils.data.Dataset):
    def __init__(self):
        data = pd.read_csv('data/msr_paraphrase_data.csv')
        self.data = data
    def __len__(self):
        return len(self.data)
    def __getitem__(self, i):
        return self.data.iloc[i]
dataset = MsrDataset()
len(dataset), dataset[0]
```

執行結果如下：

```
(5801,
 same                                                        1
 s1_lens                                                    16
 s2_lens                                                    17
 pad_lens                                                   39
 sent          1,11,12,13,14,15,16,17,18,19,20,21,22,13,23,2,...
 Name: 0, dtype: object)
```

　　由於前期資料的處理工作已經完成，所以這裡所需要做的工作就很少了，只需讀取處理好的資料。從輸出來看，共有 5801 筆資料，每筆資料中包括 5 個欄位。

## 3.　定義資料整理函式

　　接下來需要定義資料整理函式，程式如下：

```
# 第 14 章 / 定義資料整理函式
import numpy as np
def collate_fn(data):
    # 取出資料
    same = [i['same'] for i in data]
    sent = [i['sent'] for i in data]
    s1_lens = [i['s1_lens'] for i in data]
    s2_lens = [i['s2_lens'] for i in data]
    pad_lens = [i['pad_lens'] for i in data]
    seg = []
    for i in range(len(sent)):
        #seg 的形狀和 sent 一樣，但是內容不一樣
        # 補 PAD 的位置是 0，s1 的位置是 1，s2 的位置是 2
        seg.append([1] * s1_lens[i] + [2] * s2_lens[i] + [0] * pad_lens[i])
    #sent 由字元型轉為 list
    sent = [np.array(i.split(','), dtype=np.int) for i in sent]
```

```
    same = torch.LongTensor(same)
    sent = torch.LongTensor(sent)
    seg = torch.LongTensor(seg)
    return same, sent, seg
collate_fn([dataset[0], dataset[1]])
```

執行結果如下：

```
(tensor([1,0]),
tensor([[1,11,12,13,14,15,16,17,18,19,20,21,22,13,23,2,24,25,
        26,27,28,18,19,11,12,13,14,20,21,22,13,23,2,0,0,0,
        0,0,0,0,0,0,0,0,0,0,0,0,0,0,0,0,0,0,0,
        0,0,0,0,0,0,0,0,0,0,0,0,0,0,0,0,0,0,0],
        [1,29,30,31,32,33,34,18,35,25,36,37,3,38,3,3,39,2,
        29,40,31,32,37,3,38,3,41,42,43,44,25,36,38,3,3,39,
        37,3,2,0,0,0,0,0,0,0,0,0,0,0,0,0,0,0,0,
        0,0,0,0,0,0,0,0,0,0,0,0,0,0,0,0,0,0,0]]),
tensor([[1,1,1,1,1,1,1,1,1,1,1,1,1,1,1,1,2,2,2,2,2,2,2,2,
        2,2,2,2,2,2,2,2,2,0,0,0,0,0,0,0,0,0,0,0,0,0,
        0,0,0,0,0,0,0,0,0,0,0,0,0,0,0,0,0,0,0,0,0,0,0,0],
        [1,1,1,1,1,1,1,1,1,1,1,1,1,1,1,1,1,1,2,2,2,2,2,2,
        2,2,2,2,2,2,2,2,2,2,2,2,2,2,2,0,0,0,0,0,0,0,0,0,
        0,0,0,0,0,0,0,0,0,0,0,0,0,0,0,0,0,0,0,0,0,0,0,0]]))
```

在資料整理函式中，需要把一批資料整理為矩陣格式，並且要根據每筆資料
生成對應的 seg 資料，seg 表示 Segment，它表現了在一筆資料中哪些位置屬於第
一句話，哪些位置屬於第二句話，以及哪些位置是 PAD，在後續 BERT 中的計算
需要用到 seg 資料。

## 4. 定義資料集載入器

現在可以定義資料集載入器了，程式如下：

```
# 第 14 章 / 定義資料集載入器
loader = torch.utils.data.DataLoader(dataset=dataset,
                                     batch_size=32,
                                     shuffle=True,
                                     drop_last=True,
                                     collate_fn=collate_fn)
len(loader)
```

執行結果如下：

```
181
```

可見，共有 181 個批次的資料，這個資料量太小，不足以訓練一個具有普遍
理解力的 BERT 模型，不過在本章中僅對 BERT 計算過程進行範例，使用該資料
集已經足夠。

## 5. 查看資料樣例

接下來可以查看資料的樣例，程式如下：

```
# 第 14 章 / 查看資料樣例
for i, (same, sent, seg) in enumerate(loader):
    break
same, sent.shape, seg.shape, sent[0], seg[0]
```

執行結果如下：

```
(tensor([1,0,0,1,1,0,1,1,1,1,1,0,1,1,0,1,1,1,0,1,1,1,1,1,
        0,1,1,1,1,1,0,1]),
torch.Size([32,72]),
torch.Size([32,72]),
tensor([1,1024,88,590,908,359,10694,18,188,37,
        69,2305,20,744,1024,880,3339,13538,38,620,
        1234,2,1024,500,820,18,188,37,69,1339,
        802,20,3339,13538,38,620,880,787,13539,2,
        0,0,0,0,0,0,0,0,0,0,0,
        0,0,0,0,0,0,0,0,0,0,0,
        0,0,0,0,0,0,0,0,0,0,0,
        0,0]),
tensor([1,1,1,1,1,1,1,1,1,1,1,1,1,1,1,1,1,1,1,1,1,1,1,2,2,
        2,2,2,2,2,2,2,2,2,2,2,2,2,2,2,2,0,0,0,0,0,0,0,0,
        0,0,0,0,0,0,0,0,0,0,0,0,0,0,0,0,0,0,0,0,0,0,0,0]))
```

可以看到 same 中的資料設定值只有 0 和 1 兩種情況，標識了一筆資料中兩
句話表達的意思是否相同。

sent 表示 Sentence，即句子資料。

seg 表示 Segment，即段資訊。

## 14.4.2 定義輔助函式

### 1. 定義隨機替換函式

接下來需要定義 random_replace() 函式，該函式的作用是能夠隨機地將一筆資料中的某些詞替換為 MASK，也就是給 BERT 模型出題，BERT 需要預測出這些 MASK 原本的詞，程式如下：

```
# 第 14 章 / 定義隨機替換函式
import random
def random_replace(sent):
    #sent = [b, 72]
    # 不影響原來的 sent
    sent = sent.clone()
    # 替換矩陣，形狀和 sent 一樣，被替換過的位置是 True，其他位置是 False
    replace = sent == -1
    # 遍歷所有的詞
    for i in range(len(sent)):
        for j in range(len(sent[i])):
            # 如果是符號就不操作了，只替換詞
            if sent[i, j] <= 10:
                continue
            # 以 0.15 的機率操作
            if random.random() > 0.15:
                pass
            # 對被操作過的位置進行標記，這裡的操作包括什麼也不做
            replace[i, j] = True
            # 分機率做不同的操作
            p = random.random()
            # 以 0.8 的機率替換為 MASK
            if p < 0.8:
                sent[i, j] = vocab.loc['<MASK>'].token
            # 以 0.1 的機率不替換
            elif p < 0.9:
                continue
            # 以 0.1 的機率替換成隨機詞
            else:
                # 隨機生成一個不是符號的詞
                rand_word = 0
                while rand_word <= 10:
                    rand_word = random.randint(0, len(vocab) - 1)
                sent[i, j] = rand_word
    return sent, replace
replace_sent, replace = random_replace(sent)
replace_sent[replace]
```

執行結果如下：

```
tensor([   5, 7257,    5, ...,    5,    5,    5])
```

從程式實現能夠看出，被輸入 random_replace() 函式的所有句子會被遍歷每個詞，每個詞都有 15% 的機率被替換，而替換也不僅有替換為 MASK 這一種情況。

在被判定為當前詞要替換後，該詞有 80% 的機率被替換為 MASK，有 10% 的機率被替換為一個隨機詞，有 10% 的機率不替換為任何詞。

使用一個矩陣記錄下每個詞是否被操作過，這裡的操作包括什麼也不做。

以上過程可以總結為圖 14-2。

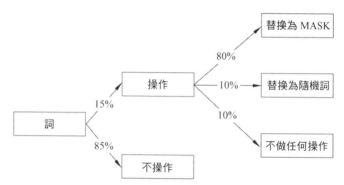

▲圖 14-2 random_replace() 函式替換詞流程

## 2. 定義 MASK 函式

在 BERT 中需要用到 MASK，這裡先定義獲取 MASK 的函式，方便後續的呼叫，程式如下：

```
# 第 14 章 / 定義獲取 MASK 的函式
def get_mask(seg):
    #key_padding_mask 的定義方式為句子中 PAD 的位置為 True，否則為 False
    key_padding_mask = seg == 0
    # 在 encode 階段不需要定義 encode_attn_mask
    # 定義為 None 或全 False 都可以
    encode_attn_mask = torch.ones(72, 72) == -1
    return key_padding_mask, encode_attn_mask
key_padding_mask, encode_attn_mask = get_mask(seg)
key_padding_mask.shape, encode_attn_mask.shape, key_padding_mask[
    0], encode_attn_mask
```

執行結果如下：

```
(torch.Size([32,72]),
torch.Size([72,72]),
tensor([False,False,False,False,False,False,False,False,False,False,
        False,False,False,False,False,False,False,False,False,False,
        False,False,False,False,False,False,False,False,False,False,
        False,False,False,False,False,False,False,False,False,False,
        False,False,False,False,False,False,False,False,False,True,
        True,True,True,True,True,True,True,True,True,True,
        True,True,True,True,True,True,True,True,True,True,
        True,True]),
tensor([[False,False,False,…,False,False,False],
        [False,False,False,…,False,False,False],
        [False,False,False,…,False,False,False],
        ...,
        [False,False,False,…,False,False,False],
        [False,False,False,…,False,False,False],
        [False,False,False,…,False,False,False]]))
```

## 14.4.3 定義 BERT 模型

做完以上準備工作，現在就可以定義 BERT 模型了，程式如下：

```
# 第 14 章 / 定義模型
class BERTModel(torch.nn.Module):
    def __init__(self):
        super().__init__()
        # 定義詞向量編碼層
        self.sent_embed = torch.nn.Embedding(num_embeddings=len(vocab),
                                    embedding_dim=256)
        # 定義 seg 編碼層
        self.seg_embed = torch.nn.Embedding(num_embeddings=3,
                                    embedding_dim=256)
        # 定義位置編碼層
        self.position_embed = torch.nn.Parameter(torch.randn(72, 256) / 10)
        # 定義編碼層
        encoder_layer = torch.nn.TransformerEncoderLayer(d_model=256,
                                            nhead=4,
                                            dim_feedforward=256,
                                            DropOut=0.2,
                                            activation='ReLU',
                                            batch_first=True,
                                            norm_first=True)
        # 定義標準化層
        norm = torch.nn.LayerNorm(normalized_shape=256,
```

```
                                   elementwise_affine=True)
        # 定義編碼器
        self.encoder=torch.nn.TransformerEncoder(encoder_layer=encoder_layer,
                                        num_layers=4,
                                        norm=norm)
        # 定義 same 輸出層
        self.fc_same = torch.nn.Linear(in_features=256, out_features=2)
        # 定義 sent 輸出層
        self.fc_sent = torch.nn.Linear(in_features=256,
                                  out_features=len(vocab))
    def forward(self, sent, seg):
        #sent -> [b, 72]
        #seg -> [b, 72]
        # 獲取 MASK
        #[b, 72] -> [b, 72],[72, 72]
        key_padding_mask, encode_attn_mask = get_mask(seg)
        # 編碼，增加位置資訊
        #[b, 72] -> [b, 72, 256]
        embed = self.sent_embed(sent) + self.seg_embed(
            seg) + self.position_embed
        # 編碼器計算
        #[b, 72, 256] -> [b, 72, 256]
        memory = self.encoder(src=embed,
                        mask=encode_attn_mask,
                        src_key_padding_mask=key_padding_mask)
        # 計算輸出，same 的輸出使用第 0 個詞的資訊計算
        #[b, 256] -> [b, 2]
        same = self.fc_same(memory[:, 0])
        #[b, 72, 256] -> [b, 72, V]
        sent = self.fc_sent(memory)
        return same, sent
model = BERTModel()
pred_same, pred_sent = model(sent, seg)
pred_same.shape, pred_sent.shape
```

執行結果如下：

```
(torch.Size([32, 2]), torch.Size([32, 72, 14789]))
```

可以看到，在 BERT 模型中使用了 3 個編碼層，分別是一般的詞編碼、Segment 編碼和位置編碼，最終的編碼為這 3 個編碼的累加，這和本章開頭時所描述的 BERT 模型的架構一致。

編碼之後的句子會被送入編碼器取出文字特徵，這裡使用的編碼器是由 PyTorch 提供的 Transformer 編碼器。

BERT 在訓練階段有兩個子任務，分別為預測兩句話的意思是否一致，以及被遮掩的詞的原本的詞。把編碼器取出的文字特徵分別輸入兩個線性神經網路，並且以此計算這兩個輸出。

值得注意的是，在計算 same 的輸出時使用的不是全量的文字特徵資訊，而是只使用了第 1 個詞的特徵資訊，每筆資料的第 1 個詞必然是特殊符號 <SOS>，這原本是沒有意義的詞，但由於注意力計算的原因，可以認為在這個詞上也包括了整句話的資訊，所以使用該詞直接計算 same 的輸出是可行的。

這也是為什麼在之前的章節中使用 BERT 模型取出文字特徵，再做分類預測時只使用第 1 個詞的特徵做分類的原因。

## 14.4.4 訓練和測試

### 1. 訓練

定義好了模型，現在可以進行訓練了，程式如下：

```
# 第 14 章 / 訓練
def train():
    loss_func = torch.nn.CrossEntropyLoss()
    optim = torch.optim.Adam(model.parameters(), lr=1e-4)
    for epoch in range(2000):
        for i, (same, sent, seg) in enumerate(loader):
            #same = [b]
            #sent = [b, 72]
            #seg = [b, 72]
            # 隨機替換 x 中的某些字元,replace 為是否被操作過的矩陣,這裡的操作包括不替換
            #replace_sent = [b, 72]
            #replace = [b, 72]
            replace_sent, replace = random_replace(sent)
            # 模型計算
            #[b, 72],[b, 72] -> [b, 2],[b, 72, V]
            pred_same, pred_sent = model(replace_sent, seg)
            # 只把被操作過的字提取出來
            #[b, 72, V] -> [replace, V]
            pred_sent = pred_sent[replace]
            # 把被操作之前的字提取出來
            #[b, 72] -> [replace]
            sent = sent[replace]
            # 計算兩份 loss,再加權求和
            loss_same = loss_func(pred_same, same)
```

```
            loss_sent = loss_func(pred_sent, sent)
            loss = loss_same * 0.01 + loss_sent
            loss.backward()
            optim.step()
            optim.zero_grad()
        if epoch % 5 == 0:
            # 計算 same 預測正確率
            pred_same = pred_same.argmax(dim=1)
            acc_same = (same == pred_same).sum().item() / len(same)
            # 計算替換詞預測正確率
            pred_sent = pred_sent.argmax(dim=1)
            acc_sent = (sent == pred_sent).sum().item() / len(sent)
            print(epoch, i, loss.item(), acc_same, acc_sent)
train()
```

在這段程式中，每次獲取一批資料並隨機遮掩其中的部分詞，再讓 BERT 模型預測這些被遮掩的詞的原本的詞，在這個過程中不斷訓練 BERT 對自然語言的理解能力。

由於 BERT 有兩個子任務，所以會計算出兩份 loss，最終的 loss 對這兩份 loss 加權求和即可。

訓練過程的輸出見表 14-12，從輸出的情況可以看出，loss 是在不斷下降的，兩份正確率也在不斷地提高。

▼ 表 14-12 訓練過程輸出

| epoch | step | loss | same acc | sent acc | epoch | step | loss | same acc | sent acc |
|---|---|---|---|---|---|---|---|---|---|
| 0 | 180 | 7.58398 | 0.71875 | 0.05202 | 100 | 180 | 5.17122 | 0.78125 | 0.13514 |
| 20 | 180 | 6.63127 | 0.68750 | 0.09375 | 120 | 180 | 4.50068 | 0.81250 | 0.20290 |
| 40 | 180 | 6.34434 | 0.81250 | 0.11518 | 140 | 180 | 4.34125 | 0.87500 | 0.20792 |
| 60 | 180 | 5.64973 | 0.78125 | 0.14286 | 160 | 180 | 4.08258 | 0.87500 | 0.21591 |
| 80 | 180 | 4.93949 | 0.84375 | 0.16860 | 180 | 180 | 3.90146 | 0.90625 | 0.23429 |
| 200 | 180 | 3.83395 | 0.87500 | 0.22414 | 880 | 180 | 1.94507 | 0.93750 | 0.61628 |
| 220 | 180 | 3.84331 | 0.93750 | 0.20707 | 900 | 180 | 1.75951 | 1.00000 | 0.62176 |
| 240 | 180 | 3.67643 | 0.90625 | 0.24631 | 920 | 180 | 1.97357 | 1.00000 | 0.57732 |
| 260 | 180 | 3.90984 | 0.96875 | 0.20093 | 940 | 180 | 2.11031 | 0.93750 | 0.55779 |
| 280 | 180 | 3.56115 | 0.90625 | 0.26108 | 960 | 180 | 1.87169 | 0.96875 | 0.55051 |
| 300 | 180 | 3.05883 | 0.96875 | 0.27513 | 980 | 180 | 1.75817 | 1.00000 | 0.59184 |

（續表）

| epoch | step | loss | same acc | sent acc | epoch | step | loss | same acc | sent acc |
|---|---|---|---|---|---|---|---|---|---|
| 320 | 180 | 3.06491 | 0.96875 | 0.34831 | 1000 | 180 | 1.83293 | 0.93750 | 0.57803 |
| 340 | 180 | 3.32385 | 0.90625 | 0.29944 | 1020 | 180 | 1.50954 | 0.96875 | 0.66857 |
| 360 | 180 | 3.00811 | 0.96875 | 0.32886 | 1040 | 180 | 1.35544 | 1.00000 | 0.65385 |
| 380 | 180 | 2.64473 | 0.96875 | 0.43269 | 1060 | 180 | 1.68520 | 0.96875 | 0.62564 |
| 400 | 180 | 2.58936 | 1.00000 | 0.44910 | 1080 | 180 | 1.69879 | 0.96875 | 0.62632 |
| 420 | 180 | 2.70327 | 0.93750 | 0.40291 | 1100 | 180 | 1.83533 | 0.96875 | 0.57062 |
| 440 | 180 | 2.69345 | 0.93750 | 0.41872 | 1120 | 180 | 1.65112 | 0.96875 | 0.60638 |
| 460 | 180 | 2.92502 | 0.93750 | 0.42500 | 1140 | 180 | 1.56251 | 0.93750 | 0.61353 |
| 480 | 180 | 2.66871 | 0.96875 | 0.42162 | 1160 | 180 | 1.63676 | 1.00000 | 0.63131 |
| 500 | 180 | 2.43973 | 0.90625 | 0.46411 | 1180 | 180 | 1.46116 | 1.00000 | 0.66049 |
| 520 | 180 | 2.65120 | 0.93750 | 0.44068 | 1200 | 180 | 1.23906 | 1.00000 | 0.70109 |
| 540 | 180 | 2.69198 | 0.93750 | 0.44134 | 1220 | 180 | 1.39012 | 1.00000 | 0.67222 |
| 560 | 180 | 2.40996 | 0.96875 | 0.52542 | 1240 | 180 | 1.39782 | 0.96875 | 0.64021 |
| 580 | 180 | 2.38567 | 1.00000 | 0.47644 | 1260 | 180 | 1.39717 | 0.90625 | 0.64467 |
| 600 | 180 | 2.69237 | 1.00000 | 0.43605 | 1280 | 180 | 1.43032 | 1.00000 | 0.63429 |
| 620 | 180 | 2.03100 | 0.93750 | 0.55914 | 1300 | 180 | 1.27220 | 0.96875 | 0.67539 |
| 640 | 180 | 2.36654 | 1.00000 | 0.48969 | 1320 | 180 | 1.58880 | 1.00000 | 0.63095 |
| 660 | 180 | 2.36337 | 1.00000 | 0.43820 | 1340 | 180 | 1.48735 | 1.00000 | 0.62903 |
| 680 | 180 | 2.28196 | 0.96875 | 0.47150 | 1360 | 180 | 1.14523 | 0.93750 | 0.72626 |
| 700 | 180 | 2.31555 | 0.90625 | 0.49689 | 1380 | 180 | 1.19173 | 0.96875 | 0.73714 |
| 720 | 180 | 2.07190 | 0.96875 | 0.51064 | 1400 | 180 | 1.11396 | 1.00000 | 0.69143 |
| 740 | 180 | 2.04343 | 0.96875 | 0.52000 | 1420 | 180 | 1.64538 | 0.96875 | 0.60938 |
| 760 | 180 | 2.17248 | 1.00000 | 0.49080 | 1440 | 180 | 1.31935 | 0.96875 | 0.66667 |
| 780 | 180 | 2.13978 | 0.96875 | 0.52198 | 1460 | 180 | 1.15395 | 1.00000 | 0.70556 |
| 800 | 180 | 1.69479 | 1.00000 | 0.59459 | 1480 | 180 | 1.44891 | 1.00000 | 0.65363 |
| 820 | 180 | 2.08911 | 0.96875 | 0.55367 | 1500 | 180 | 1.08480 | 0.96875 | 0.77320 |
| 840 | 180 | 2.01237 | 0.96875 | 0.54598 | 1520 | 180 | 1.05677 | 0.96875 | 0.71910 |
| 860 | 180 | 1.80500 | 0.93750 | 0.57513 | 1540 | 180 | 1.04956 | 1.00000 | 0.75449 |
| 1560 | 180 | 1.12194 | 0.96875 | 0.72258 | 1780 | 180 | 0.84427 | 1.00000 | 0.81818 |
| 1580 | 180 | 1.17885 | 1.00000 | 0.70698 | 1800 | 180 | 0.92092 | 0.96875 | 0.70833 |
| 1600 | 180 | 1.12019 | 1.00000 | 0.71038 | 1820 | 180 | 0.78610 | 0.96875 | 0.77295 |
| 1620 | 180 | 1.08534 | 0.96875 | 0.72527 | 1840 | 180 | 1.08648 | 1.00000 | 0.71006 |

（續表）

| epoch | step | loss | same acc | sent acc | epoch | step | loss | same acc | sent acc |
|---|---|---|---|---|---|---|---|---|---|
| 1640 | 180 | 1.33103 | 0.96875 | 0.66667 | 1860 | 180 | 0.74621 | 0.96875 | 0.79310 |
| 1660 | 180 | 0.83967 | 0.96875 | 0.81287 | 1880 | 180 | 1.22546 | 0.96875 | 0.73864 |
| 1680 | 180 | 0.89498 | 0.96875 | 0.74742 | 1900 | 180 | 1.08645 | 1.00000 | 0.69512 |
| 1700 | 180 | 0.93371 | 1.00000 | 0.74866 | 1920 | 180 | 0.73054 | 0.96875 | 0.79235 |
| 1720 | 180 | 0.85280 | 1.00000 | 0.75824 | 1940 | 180 | 1.19517 | 0.96875 | 0.76329 |
| 1740 | 180 | 0.82760 | 1.00000 | 0.78756 | 1960 | 180 | 0.98869 | 1.00000 | 0.75916 |
| 1760 | 180 | 1.02081 | 0.96875 | 0.76440 | 1980 | 180 | 0.85960 | 1.00000 | 0.79500 |

BERT 模型的訓練需要巨量資料量和大計算力，由於資料量太少，模型已經被訓練得過擬合了。作為一個範例程式，主要的目的是演示 BERT 的計算流程。

## 2. 測試

訓練結束後，可以對模型進行測試，以驗證訓練的有效性。

為了便於測試，定義兩個工具函式，第 1 個是能夠把 Tensor 轉為字串的工具函式，程式如下：

```
# 第 14 章 / 定義工具函式，把 Tensor 轉為字串
def tensor_to_str(tensor):
    # 轉為 list 格式
    tensor = tensor.tolist()
    # 過濾掉 PAD
    tensor = [i for i in tensor if i != vocab.loc['<PAD>'].token]
    # 轉為詞
    tensor = [vocab_r.loc[i].word for i in tensor]
    # 轉為字串
    return ' '.join(tensor)
tensor_to_str(sent[0])
```

執行結果如下：

```
'<SOS> among three major candidates schwarzenegger is wining the battle
for independents and crossover voters <EOS> schwarzenegger picks up more
independents and crossover voters than bustamante <EOS>'
```

這段程式比較簡單，就是把 Tensor 中的各個數字使用字典轉為詞即可。

第 2 個工具函式是列印預測結果，程式如下：

```
# 第 14 章 / 定義工具函式，列印預測結果
def print_predict(same, pred_same, replace_sent, sent, pred_sent, replace):
    # 輸出 same 預測結果
    same = same[0].item()
    pred_same = pred_same.argmax(dim=1)[0].item()
    print('same=', same, 'pred_same=', pred_same)
    print()
    # 輸出句子替換詞的預測結果
    replace_sent = tensor_to_str(replace_sent[0])
    sent = tensor_to_str(sent[0][replace[0]])
    pred_sent = tensor_to_str(pred_sent.argmax(dim=2)[0][replace[0]])
    print('replace_sent=', replace_sent)
    print()
    print('sent=', sent)
    print()
    print('pred_sent=', pred_sent)
    print()
    print('-----------------------------------')
print_predict(same, torch.randn(32, 2), replace_sent, sent,
              torch.randn(32, 72, 100), replace)
```

執行結果如下：

```
same= 0 pred_same= 1
replace_sent= <SOS> among three major candidates schwarzenegger is wining the
battle for independents and crossover <MASK><EOS> schwarzenegger picks up more
independents <MASK> crossover <MASK> than bustamante <EOS>
sent= voters and voters
pred_sent= before hanging distorting
-----------------------------------
```

這段程式和樣比較簡單，即輸出真實的 same 和預測的 same，並輸出原句子，以及輸出真實的被遮掩的詞和預測的被遮掩的詞。

定義好上面兩個工具函式以後，就可以進行測試了，程式如下：

```
# 第 14 章 / 測試
def test():
    model.eval()
    correct_same = 0
    total_same = 0
    correct_sent = 0
    total_sent = 0
    for i, (same, sent, seg) in enumerate(loader):
        # 測試 5 個批次
        if i == 5:
            break
```

```
        #same = [b]
        #sent = [b, 72]
        #seg = [b, 72]
        # 隨機替換 x 中的某些字元，replace 為是否被操作過的矩陣，這裡的操作包括不替換
        #replace_sent = [b, 72]
        #replace = [b, 72]
        replace_sent, replace = random_replace(sent)
        # 模型計算
        #[b, 72],[b, 72] -> [b, 2],[b, 72, V]
        with torch.no_grad():
            pred_same, pred_sent = model(replace_sent, seg)
        # 輸出預測結果
        print_predict(same, pred_same, replace_sent, sent, pred_sent, replace)
        # 只把被操作過的字提取出來
        #[b, 72, V] -> [replace, V]
        pred_sent = pred_sent[replace]
        # 把被操作之前的字取出來
        #[b, 72] -> [replace]
        sent = sent[replace]
        # 計算 same 的預測正確率
        pred_same = pred_same.argmax(dim=1)
        correct_same += (same == pred_same).sum().item()
        total_same += len(same)
        # 計算替換詞的預測正確率
        pred_sent = pred_sent.argmax(dim=1)
        correct_sent += (sent == pred_sent).sum().item()
        total_sent += len(sent)
    print(correct_same / total_same)
    print(correct_sent / total_sent)
test()
```

執行結果如下：

```
same= 1 pred_same= 1
replace_sent= <SOS> this individual s lawyers are trying <MASK> obtain from the
court a free pass to download or upload music online illegally <EOS> her lawyers
are trying to obtain a <MASK> pass <MASK><MASK><MASK> upload <MASK><MASK> line
illegally <EOS>
sent= to free to download or upload music on
pred_sent= to free or download or upload music or
-------------------------------------
same= 1 pred_same= 1
replace_sent= <SOS> a federal <MASK> court yesterday reinstated <MASK>
charges against a san diego student accused of lying about his association
<MASK><NUM><NUM> hijackers <EOS> a u s appeals court in <MASK> york <MASK>
perjury charges against a grossmont college student accused of lying about his
knowledge of two of the sept <NUM> hijackers <EOS>
```

```
sent= appeals perjury his with new reinstated knowledge hijackers
pred_sent= appeals perjury his with new reinstated knowledge hijackers
--------------------------------------
same= 0 pred_same= 0
replace_sent= <SOS> he said <MASK> president bush s <MASK> clean <MASK> act
amendment called the <MASK> skies initiative would result in miami efficiency and
therefore less pollution <EOS> he said that <MASK> allowing power companies
more flexibility the <MASK><MASK> initiative would result in greater <MASK> and
therefore <MASK> pollution <EOS>
sent= that proposed air clear greater by clear skies efficiency less
pred_sent= that proposed power result greater president result skies efficiency less
--------------------------------------
same= 0 pred_same= 0
replace_sent= <SOS> currently <MASK> state s congressional delegation is made
up of <NUM> democrats and <NUM> republicans <EOS><MASK> used now hold every
<MASK> office the state s <MASK> delegation comprises <NUM> democrats and <NUM>
republicans <EOS>
sent= the although republicans statewide congressional
pred_sent= the republicans republicans statewide congressional
--------------------------------------
same= 1 pred_same= 1
replace_sent= <SOS> the survey medicine found that executives <MASK> feel that
current economic conditions have improved rose to <NUM> per cent from <NUM> per
cent last quarter <EOS> the survey also found that more executives feel that
current economic conditions have improved at <NUM> per <MASK> compared to <NUM>
per cent in the <MASK> quarter <EOS>
sent= also who to cent first
pred_sent= were who to cent first
--------------------------------------
1.0
0.87995337995338
```

從輸出結果可以看出，在本次測試中模型對資料的擬合能力很強，對 same 的預測正確率達到了 100%，對被遮掩的詞的預測正確率也達到了 87% 以上，但如前所述，這其實是一個過擬合的結果，實際訓練 BERT 時需要更大的資料量來緩解過擬合。

## 14.5 小結

本章介紹了 BERT 模型的設計想法，並透過一個範例程式演示了 BERT 模型的計算過程，透過本章的學習，讀者應該能夠理解 BERT 模型設計的想法和計算的原理。

由於訓練資料量較少，模型被訓練得過擬合了，要緩解過擬合，可以透過增加資料量的方法實現，不過這會進一步增加計算的負擔，完整的 BERT 模型的訓練需要巨量資料量和大算力，所以無論是出於保護環境的角度，還是降低專案風險的角度，都建議使用預訓練的 BERT 模型。